大青杨抗逆基因工程育种

李成浩　杨静莉　张海珍　著

科学出版社

北京

内 容 简 介

大青杨是我国东北地区特有的乡土树种。该树种适合在东北高寒地区甚至是条件恶劣的林区山地栽培。大青杨用途广泛，木材耐朽力强、材质洁白且致密，可供造纸、建筑、造船、家具等行业使用。同时是恢复森林生态环境和退耕还林最为理想的树种。对大青杨抗逆机制的研究和对抗逆相关基因的克隆既能完善林木逆境分子生物学基础研究，又能为利用分子育种提高大青杨抗逆能力提供理论依据和技术参考。本书共分为6章：第1章为大青杨及其研究概述；第2章主要介绍大青杨遗传转化体系的建立；第3章主要介绍大青杨 PuHSFA4a 响应高锌胁迫的机制研究；第4章主要介绍大青杨 Pu-miR172d 响应干旱胁迫的机制研究；第5章主要介绍 LbDREB6 在大青杨中响应干旱和病原菌胁迫的机制研究；第6章主要介绍大青杨 PuHox52 调控不定根形成的分子机制研究。本书展现出了大青杨耐重金属、耐旱及根部发育分子调控方面的最新研究成果及进展。

本书适合从事植物遗传育种的科技工作者参考，也可以作为农学、林学等专业本科生及研究生的参考书。

图书在版编目 (CIP) 数据

大青杨抗逆基因工程育种/李成浩，杨静莉，张海珍著. —北京：科学出版社，2022.9

ISBN 978-7-03-070885-4

Ⅰ．①大… Ⅱ.①李… ②杨… ③张… Ⅲ．①杨树–抗性–遗传育种–研究 Ⅳ.①S792.113.04

中国版本图书馆 CIP 数据核字（2021）第 261737 号

责任编辑：张会格　闫小敏 / 责任校对：郑金红
责任印制：吴兆东 / 封面设计：刘新新

科学出版社 出版
北京东黄城根北街 16 号
邮政编码：100717
http://www.sciencep.com

北京建宏印刷有限公司 印刷
科学出版社发行　各地新华书店经销

*

2022 年 9 月第 一 版　开本：B5（720×1000）
2023 年 1 月第二次印刷　印张：12
字数：241 000
定价：**138.00 元**
(如有印装质量问题，我社负责调换)

前　言

大青杨（*Populus ussuriensis*）是杨柳科杨属植物，是我国东北地区特有的乡土树种，适合在东北高寒地区甚至是条件恶劣的林区山地栽培。大青杨用途广泛，具有适应性强、生长速度快和抗逆性强等特性，被认为是造林成效最显著的树种之一。近年来，由于工农业快速发展及气候变化，干旱、重金属、高盐等非生物胁迫已严重影响林木的生长发育，其引起的林木死亡现象在世界各地频繁发生，所以提高树木抗逆性相关研究越来越受到人们的重视。但是木本植物生长周期长，通过常规的杂交育种等手段需要很长时间才能得到目标品种，所以目前比较常用的是依靠转基因技术结合无性扩繁技术改变植物的遗传特性，从而大量获得我们想要的修复树种。因此，研究林木的遗传背景、基因分子功能、植物的解毒和修复机制是非常重要的。目前，通过分子及基因组分析等方法已经鉴定了很多植物响应逆境胁迫的基因，包括调控胁迫的转录因子（transcription factor，TF）基因。转录因子通过调控下游复杂的信号网络来响应逆境胁迫。目前高效的基因挖掘与筛选及其应用是分子育种研究的热点。

我国的杨树育种研究始于 20 世纪 40 年代，目前，杨树研究已取得较为丰硕的成果。近年来，著者所在团队在大青杨非生物胁迫响应、材性及生长发育相关基因工程育种方面做了大量的工作：克隆了 8 个基因，构建了过表达及抑制表达载体 13 个，获得了 120 余个转基因株系，并对转基因株系的表型、生理及基因调控机制进行了分析，鉴定出了优质、耐旱、耐重金属及根发育变化的转基因株系，相关成果已发表 SCI 论文 5 篇。基于此，本书以 3 篇博士论文、5 篇硕士论文为基础，对大青杨基因工程育种进行了总结。

本书共分为 6 章，系统地介绍了大青杨研究进展，展现了大青杨遗传转化体系，并且从基因工程的角度挖掘出了大青杨耐重金属、耐旱、耐病原菌以及发育相关的关键基因，最终应用于大青杨的遗传改良。

本书研究得到林木遗传育种国家重点实验室（东北林业大学）创新项目（2021A02）、国家自然科学基金项目（31870649；31971671）及黑龙江省"头雁"行动（林木遗传育种创新研究团队）的资助，特此致谢。在本书的编写过程中，刘权钢、王展超、魏明、李文龙、卢晗、毛旭亮、陈盈曦等提供了相关实验研究的资料，在此一并致谢。

李成浩[1]，杨静莉[1]，张海珍[2]

2021 年 3 月

---

1 东北林业大学
2 东北农业大学

目　录

前言

1 大青杨及其研究概述 ···1

  1.1 青杨组织培养的研究概述 ···1

    1.1.1 青杨基因资源 ···1

    1.1.2 青杨组织培养研究进展 ···2

    1.1.3 组织培养过程中的影响因素 ···3

  1.2 杨树基因工程的研究 ···5

    1.2.1 林木的遗传转化方法 ··5

    1.2.2 杨树抗逆基因工程的研究进展 ···6

  1.3 大青杨抗逆分子基础研究的意义 ···7

  参考文献 ···8

2 大青杨遗传转化体系的建立 ··11

  2.1 大青杨组培体系的建立 ···11

    2.1.1 外植体的选择和消毒 ···11

    2.1.2 不定芽的诱导及增殖 ···11

  2.2 遗传转化体系的建立 ···12

    2.2.1 构建表达载体 ···12

    2.2.2 根癌农杆菌介导法不同参数对转化效率的影响 ·······································13

  2.3 转基因植株的筛选和分子检测 ···16

  参考文献 ··18

3 大青杨 PuHSFA4a 响应高锌胁迫的机制研究 ···19

  3.1 大青杨 PuHSFA4a 基因及其启动子的表达研究 ···19

    3.1.1 实验材料 ···19

    3.1.2 实验结果和分析 ··19

    3.1.3 小结 ··24

  3.2 大青杨 PuHSFA4a 基因的抗高锌功能研究 ···24

3.2.1 实验材料 ……………………………………………………………… 24

3.2.2 实验结果和分析 ……………………………………………………… 24

3.2.3 小结 …………………………………………………………………… 37

3.3 大青杨 PuHSFA4a 调控下游基因表达的分析 …………………………… 37

3.3.1 实验材料 ……………………………………………………………… 37

3.3.2 实验结果和分析 ……………………………………………………… 38

3.3.3 小结 …………………………………………………………………… 43

3.4 PuHSFA4a 下游靶基因 *PuGSTU17* 和 *PuPLA₂* 的鉴定 ……………… 43

3.4.1 实验材料 ……………………………………………………………… 43

3.4.2 实验结果和分析 ……………………………………………………… 43

3.4.3 小结 …………………………………………………………………… 50

3.5 *PuGSTU17* 和 *PuPLA₂* 基因功能验证 ………………………………… 51

3.5.1 实验材料 ……………………………………………………………… 51

3.5.2 实验结果和分析 ……………………………………………………… 51

3.5.3 小结 …………………………………………………………………… 64

参考文献 ……………………………………………………………………… 66

4 大青杨 Pu-miR172d 响应干旱胁迫的机制研究 ……………………………… 69

4.1 小黑杨花芽发育相关 miRNA 的鉴定 …………………………………… 69

4.1.1 实验材料 ……………………………………………………………… 69

4.1.2 实验结果与分析 ……………………………………………………… 69

4.1.3 小结 …………………………………………………………………… 82

4.2 大青杨 Pu-miR172d 在干旱胁迫下的功能研究 ………………………… 82

4.2.1 实验材料 ……………………………………………………………… 82

4.2.2 实验结果与分析 ……………………………………………………… 82

4.2.3 小结 …………………………………………………………………… 100

4.3 Pu-miR172d 调控下游基因的分析鉴定 ………………………………… 100

4.3.1 实验材料 ……………………………………………………………… 100

4.3.2 实验结果与分析 ……………………………………………………… 101

4.3.3 小结 …………………………………………………………………… 107

4.4 大青杨 PuGTL1 在干旱胁迫下的功能研究 ……………………………… 108

4.4.1 实验材料 ……………………………………………………………… 108

4.4.2 实验结果与分析 ……………………………………………………… 108

　　　4.4.3　小结 ·· 121

　参考文献 ·· 121

5　LbDREB6 在大青杨中响应干旱和病原菌胁迫的机制研究 ··············· 123

　5.1　*LbDREB6* 过表达对转基因杨树生长的影响 ····························· 123

　　　5.1.1　实验材料 ·· 123

　　　5.1.2　实验结果 ·· 123

　　　5.1.3　小结 ·· 126

　5.2　不同表达水平的 LbDREB6 对大青杨抗旱性的影响及下游靶基因
　　　　表达的比较 ··· 126

　　　5.2.1　实验材料 ·· 126

　　　5.2.2　实验结果 ·· 126

　　　5.2.3　小结 ·· 129

　5.3　不同表达水平 LbDREB6 对大青杨细菌病原体易感性的影响及
　　　　转录组分析 ··· 131

　　　5.3.1　实验材料 ·· 131

　　　5.3.2　实验结果 ·· 131

　　　5.3.3　小结 ·· 134

　参考文献 ·· 135

6　大青杨 PuHox52 调控不定根形成的分子机制研究 ·························· 136

　6.1　茉莉素对杨树不定根形成的影响 ··· 136

　　　6.1.1　实验材料 ·· 136

　　　6.1.2　实验结果 ·· 136

　　　6.1.3　小结 ·· 140

　6.2　大青杨 *PuHox52* 基因及其启动子的研究 ······························ 141

　　　6.2.1　实验材料 ·· 141

　　　6.2.2　实验结果 ·· 141

　　　6.2.3　小结 ·· 150

　6.3　PuHox52 调控大青杨不定根形成的研究 ································· 151

　　　6.3.1　实验材料 ·· 151

　　　6.3.2　实验结果 ·· 151

　　　6.3.3　小结 ·· 158

6.4　PuHox52 调控不定根形成的下游基因鉴定分析 ·············· 159

　　6.4.1　实验材料 ······························· 159

　　6.4.2　实验结果 ······························· 159

　　6.4.3　小结 ································· 164

6.5　PuHox52 结合下游靶基因验证 ······················· 168

　　6.5.1　实验材料 ······························· 168

　　6.5.2　实验结果 ······························· 168

　　6.5.3　小结 ································· 180

参考文献 ····································· 182

1 大青杨及其研究概述

杨树是杨柳科（Salicaceae）杨属（*Populus*）落叶乔木植物的总称。杨树具有适应性强、生长速度快等特性，已经在世界范围内广泛栽培，同时杨树遗传资源丰富，无性再生能力强，轮伐周期相对较短，被普遍认为是未来生物能源的重要来源。大青杨（*Populus ussuriensis*）是东北林区主要的乡土树种（苏晓华等，2001），耐寒、速生，是山地营造速生用材林的主要树种之一，也是我国东北地区青杨组树种中分布最广、利用价值最大的树种（刘玉庭和方旭东，2001）。其干形通直，木材洁白，是造纸及胶合板材极好的原料（王冰等，2003）。随着天然林的不断采伐，人们开始营造大青杨的人工林，而林地条件需要抗旱、耐贫瘠且适应性强的大青杨新品种（姜洋等，2017）。常规育种周期长、工序复杂，且受外界环境的影响大，不能满足短期内有目的地定向培育杨树新品种的需要。随着现代分子生物学技术的发展，杨树育种发生了前所未有的变革，显著地提高了育种效率并扩展了育种目标。由于杨树无性繁殖容易，易于离体操作，基因组小，较易鉴定、分离和克隆基因，因此成为研究木本植物的模式植物。目前，杨树在很多方面的研究取得了令人瞩目的成果，如抗病虫害、耐盐碱、改良材性、调控生长、开花发育等，并且有很多抗病虫害和耐盐碱转基因杨树进入了田间试验、环境释放和生产性试验，甚至是商品化阶段（苏晓华等，2003）。大青杨抗逆基因工程育种近年来受到了极大的关注。

1.1 青杨组织培养的研究概述

利用杂交育种得到的具有杂种优势的杂交品种，采用嫁接、根繁、接种等繁殖方法进行育苗能保持其优良性状，但是速度较慢、成活率低、受季节限制、生长周期长。在细胞全能性理论的基础上，利用组织培养技术繁殖杨树苗木，能够克服传统育种的缺点，短期内获得大量苗木。至今，杨树已成为林木组织培养（简称组培）研究中应用最为广泛的树种之一。

1.1.1 青杨基因资源

青杨组（Sect. Tacamahaca）是杨属中最大的派系（苏晓华等，2001），有34个种属，21个变种，目前研究的青杨组树种主要有大青杨、香杨（*Populus koreana*）、小叶杨（*Populus simonii*）、甜杨（*Populus suaveolens*）、辽杨（*Populus maximowiczii*）等。据了解，我国的青杨组树种多分布于海拔比较高的地域（田晓明和谭晓风，2009），越是在环境条件复杂的地区生长，越有丰富的基因资源。

1.1.2 青杨组织培养研究进展

杨树组织培养技术萌芽于 20 世纪 30 年代，Gautheret（1983）对欧洲黑杨（*Populus nigra*）的形成层组织进行了培养，并成功获得了愈伤组织。60 年代，Mathes（1964）建立了三倍体美洲山杨（*Populus tremuloides*）的长期愈伤组织培养体系，并得到了根和芽。英国学者 Wolter（1968）由欧洲山杨（*Populus tremula*）的愈伤组织经培养再生出正常的欧洲山杨小植株。Chalupa（1974）推广了 Wolter 的研究成果，此后几年，他对杨树组织的再生小植株进行生长速率、形态学及遗传组成方面的研究，发现无性再生小植株在形态和遗传组成上基本与母株相似。这一时期主要进行杨树愈伤组织培养。随后，Brand 和 Venverloo（1973）诱导杨树的根与茎段外植体产生不定芽，开始了杨树器官发育成不定芽的研究。

国内杨属植物的组织培养工作始于 20 世纪 70 年代辽宁省营口市杨树科学研究所的杨树离体花药培养。80 年代，林静芳（1980）、陈道明和黄敏仁（1980）分别对银白杨（*Populus alba*）、加龙杨（*Populus nigra* cv. Blanc de garonne）进行组织培养研究。到目前为止，杨属中的小叶杨、三倍体毛白杨（*Populus tomentosa*）、新疆杨（*Populus alba* var. *pyramidalis*）、青杨（*Populus cathayana*）、毛果杨（*Populus trichocarpa*）、香杨等均进行了组织培养再生研究（程云，2009）。

青杨组杨树组织培养方面的研究近几年逐渐增多，耿飒等（2006）以青杨的茎尖为外植体进行了研究并移栽成功。李开隆等（2009）利用香杨的顶芽和侧芽进行了组织培养研究。杜晓艳等（2011）以青海青杨茎段为外植体进行了组织培养，研究了不同浓度激素对其再生的影响，建立了其高效的组培再生体系。尽管青杨组中已有几种植物的组织培养获得成功，但关于大青杨组织培养方面的研究比较少。早些时期，李世承等（1995）以大青杨叶和嫩梢为外植体，得到了组培苗并且移栽成功，但是与用于基因转化受体系统还有一定差距。近些年，郭斌等（2011）以美洲黑杨与大青杨杂种（*Populus deltoides*×*Populus ussuriensis*）无性系的茎段作为外植体，研究了杂种无性系的离体培养及叶片再生体系，探讨了不同激素组合对杂种无性系不定芽诱导、分化、增殖及生根的影响。甄成（2016）研究了毛果杨不同取材部位、接种方式及外源激素组合对不定芽诱导的影响，建立了高效的毛果杨组培再生体系。姜洋等（2017）采用正交试验设计，研究了不同培养基和不同激素质量浓度配比对大青杨无菌苗叶片再生体系的影响，优化了大青杨植株的再生体系。

1.1.3 组织培养过程中的影响因素

影响杨树组织培养再生效率的因素主要可分为几个方面，如外植体选择、基本培养基类型、生长调节物质、碳水化合物、温度、光照等。

1.1.3.1 外植体

陈维伦等（1980）以山新杨（*Populus davidiana×Populus bolleana*）的叶作为外植体进行分化，发现带有叶柄的下段分化成芽的频率可达 70%，而中、上段的分化频率极低，同一器官的不同部位其再生能力也有差异。Coleman 和 Ernst（1989）将 16 种基因型不同的美洲黑杨（*Populus deltoides*）茎段接种在相同的培养基中，研究发现不同基因型的植株其再生能力有很大差别。母本植株生理状态不同，外植体对生长素和细胞分裂素的敏感度也不同。郑均宝等（1995）发现，生根试管苗叶片的分化情况优于未生根试管苗，分化产生的不定芽数量多且健壮。外植体在消毒过程中会受到伤害，从而影响其再生能力，所以取材时取的不是最嫩的部位。在植株性别方面，母本植株性别不同，外植体再生能力也有差别。通常幼嫩植株的芽比成熟植株的芽再生能力强，而外植体越幼嫩，其再生能力越强，宋建英（2008）选择最幼嫩的种子作为外植体进行邓恩桉（*Eucalyptus dunnii*）再生的研究。Anuja（2013）以白杨及其杂交系进行实生苗实验，发现其下胚轴和茎尖分化成芽的能力高于子叶与叶片，同一植株上的不同器官其再生能力也有所不同。

外植体的消毒处理方式也影响再生效率。消毒剂在杀灭植物组织表面杂菌的同时，给植物本身也带来了伤害，在实际应用中，要根据具体材料对各种药剂的敏感度与消毒效果来确定适当的消毒剂及组合、浓度和处理时间。沈周高等（2006）发现中林 2001 杨（*Populus deltoides* cv. Zhonglin-2001）、南林 95 杨（*Populus deltoids* cv. Lux × *Populus euramericana* cv. I-45/51）和南抗杨（*Populus deltoides* cl. Nankang）三个品种的消毒剂浓度与材料的污染率、出愈率成反比，使用 0.1% $HgCl_2$ 溶液消毒 4min 效果最好。杜晓艳（2010）对青海青杨、三倍体山哈杨（*Populus×liaohenica*）外植体进行 75% 的乙醇处 30s，0.1%$HgCl_2$ 溶液消毒 6～8min 后，不定芽分化率较好。白卉等（2010）对山杨（*Populus davidiana*）进行 70% 酒精中浸泡 15 s，再用 0.1% 的氯化汞溶液消毒 3 min 后，外植体的再生效率最佳。

1.1.3.2 基本培养基

杨树组织培养中，MS（Murashige and Skoog medium）和 WPM（woody plant medium）基本培养基较为常用，它们富含杨树所需的盐类。培养基最初是为烟草设计的，含盐量较高，对杨树的生根不利，在杨树的生根过程中，常用 1/2MS 和 1/4MS 培养基。而大量元素减半的培养基，则主要用于不定芽的分化。在培养杂交杨 *Populus alba×Populus tremula* 和 *Populus trichocarpa×Populus deltoides* 的过程中，由于铵离子富集在叶或茎段内，产生抑制愈伤组织诱导的现象。因此，在实际应用中，应根据材料品种及实验目的来选择基本培养基。另外，培养基是为木本植物设计的，主要特点是低盐。

1.1.3.3　生长调节物质

杨树再生效率的高低与所用植物生长调节物质的种类、浓度及组合有很大的关系，植物激素有细胞分裂素和生长素两大类。生长素萘乙酸（NAA）和吲哚丁酸（IBA）用于杨树的生根，并能与细胞分裂素互相作用促进芽的增殖。生长素 2,4-二氯苯氧乙酸（2,4-D）虽能促进杨树愈伤组织的诱导，却会对器官的分化产生抑制作用。细胞分裂素是一类促进细胞分裂、诱导芽形成并促进其生长的植物激素。苄氨基腺嘌呤（BA）是主要用于大部分杨树不定芽诱导的细胞分裂素（De Block，1990），另外类细胞分裂素噻苯隆（TDZ）也正被应用于杨树腋芽增殖和不定芽分化的研究中，但其阻碍芽的伸长（Howe et al.，1994）。杨树上应用最多的是 BA，其次是激动素（KT）和异戊烯基腺嘌呤（2-iP）。在杨树组织培养中，生长素混合使用的效果较好。使用极低浓度的 TDZ 就可诱导毛白杨叶产生大量的不定芽，用低浓度的 TDZ 代替价格昂贵的玉米素，与 BA 混合使用，可达到或超过玉米素的效果（Huetteman and Preece，1993）。其他生长调节物质对植物的生长也有一定作用，如赤霉素（GA）对杨树芽的分化无促进作用，但可促进芽的伸长。

1.1.3.4　碳水化合物和 pH

杨树组织培养中用到的碳水化合物是糖类和琼脂。

在植物组织培养中，糖类的主要作用是提供碳源和为植物提供能量物质，同时能调节培养基的渗透压。最常用的是蔗糖，此外还有葡萄糖和果糖。蔗糖是杨树组织培养中最常用的碳源，用量一般为 25g/L 左右。另外，使用果糖作为碳源能促进毛白杨休眠芽生长（陈维伦等，1991）。

琼脂是一种固化剂，本身不具任何营养，作为凝固剂使用，同时有吸附某些代谢有害物质的作用。琼脂浓度过高会使培养物不能与培养基密切接触，不能很好地吸收水和养分，琼脂浓度过低会造成试管苗水势过高，导致出现玻璃化现象（于杰等，1989）。在杨树组织培养中，琼脂的浓度一般在 5g/L 左右。

试管苗对营养物质的吸收受到 pH 的直接影响，从而影响其生长和繁殖。除特殊要求外，一般培养基 pH 均在 5.8～6.0。

1.1.3.5 温度和光照

光环境是由光量、光质、光周期 3 个因子组成的，它们共同作用影响组培苗的光合作用和生长（张红晓和经剑颖，2003）。张蕾等（2007）研究发现，光照强度对杨树的生长具有一定影响。整体来说，光照强度过低对外植体分化不利，而弱光或全黑会促进愈伤组织分化和根再生，光照强度过高会导致多酚氧化酶活性提高，褐化程度加强。光周期主要由植株的生理特性决定，光照条件不同也会影响愈伤组织的诱导、组织的增殖及器官的分化。

不同植物生长的最适温度不同，大多采用 25℃±2℃的温度。一般低于 15℃时，培养的组织生长出现停滞，而高于 30℃对生长也不利，易导致分化芽出现玻璃化现象及褐化程度加重。

1.2 杨树基因工程的研究

1.2.1 林木的遗传转化方法

遗传转化是将外源基因导入植物细胞，经过组织培养将细胞培养成植株，并且导入的基因在植物体内能够稳定表达和遗传，这样的植物称为转基因植物。

遗传转化方法是植物遗传转化研究的重要内容，包括农杆菌介导法、脂质体法、基因枪法、聚乙二醇法、电击法、显微注射法、花粉管通道法、超声波法等。在以上众多转化方法中，农杆菌介导的遗传转化是研究得最清楚和应用最成功的技术。

1.2.1.1 农杆菌介导法

利用根癌农杆菌和发根农杆菌质粒上的一段 T-DNA 区在农杆菌侵染植物形成肿瘤的过程中可将目的基因转移到植物细胞并插入其染色体基因中的原理，实现将目的基因转移至植物细胞核基因组的目的。该方法是目前应用最广泛的植物遗传转化方法。

Parsons 等（1986）用野生型根癌农杆菌转化了杨树无性系 HII（*Populus trichocarpa*×*Populus deltoides*）的嫩茎段，获得了转化的愈伤组织。Massimo 等（2001）利用农杆菌介导法，将拟南芥半胱氨酸蛋白酶抑制基因导入银白杨（*Populus alba*）中，获得了第一个转基因杨树。甄成（2016）在建立的高效组织培养体系的基础上探讨了菌液浓度、侵染时间、共培养时间、乙酰丁香酮浓度及其添加方式对遗传转化效率的影响，利用农杆菌建立了高效的毛果杨遗传转化体系。目前得到的农杆菌转化杨树有毛果杨、毛白杨、小叶杨、欧洲山杨、84K 杨（*Populus alba*×*Populus glandulosa* cv. 84K)、新疆杨、小黑杨（*Populus simonii*×*Populus nigra*）、南林 895 杨、三倍体银中杨（*Populus alba* × *P. berolinensis*）等。

1.2.1.2 基因枪法

基因枪法也称为粒子轰击（particle bombardment）细胞法，就是通过高速飞行的金属颗粒将包被其外的目的基因直接导入受体细胞内，从而实现基因转化的方法，这种方法没有宿主限制。McCown 等（1991）利用基因枪法将抗虫的基因转入杨树并获得了稳定的表达。Sellmer（1992）利用基因的瞬时表达优化了杨树悬浮细胞培养转化体系的条件。此外，Charest 等（1997）研究利用基因枪法对杨树愈伤组织进行了转化。

1.2.1.3 聚乙二醇法

聚乙二醇（PEG）具有黏合细胞及扰乱细胞磷脂双分子层的作用，可促进细胞膜间的接触和粘连，引起细胞膜表面电荷紊乱，干扰细胞识别，有利于细胞膜间的融合和外源基因进入原生质体。

PEG 介导的转基因研究始于 1991 年，Mukhopadhyay 等（1991）利用 PEG 进行了胡萝卜原生质体转化。目前此法主要用于诱导外源基因转化原生质体，已将外源基因整合到拟南芥（Cao et al.，2016）、香蕉（Wu et al.，2020）、木薯（Wu et al.，2017）等植物中。王善平等（1991）以毛白杨、小叶杨和欧洲山杨 NL-80203 的叶肉原生质体为受体，在 PEG 和 $CaCl_2$ 作用下，用大肠杆菌质粒转化了原生质体。瞬时表达结果证明，外源基因在这些杨树原生质体中均得到表达。

1.2.2 杨树抗逆基因工程的研究进展

林木树种中，杨树已经进行了基因组测序，其基因组相对较小，抗逆性遗传改良效果比较明显，因此可作为林木研究的模式树种。在所有的林木树种遗传转化实验中，杨树作为研究对象的占一半以上。

杨树转基因主要集中在抗虫、抗病、抗除草剂、抗非生物胁迫及降低木质素含量等方面。杨树抗逆基因工程相关基因主要分为两个方面，一是通过转导影响植物抗旱机制调节方式的基因；二是通过转导调控基因表达的转录因子基因。响应非生物胁迫等抗逆基因主要集中在抗寒、抗旱、耐盐碱、耐涝、抗重金属等方面。转抗旱耐盐基因的杨树有美洲黑杨杂种优良无性系南林 895 杨（*Populus deltoides* × *Populus euramericana*）、欧洲山杨、84K 杨、毛白杨、速生杨等。例如，欧美杂交杨树中过表达 *PdC3H17* 基因后，可提高其光合及活性氧（ROS）清除能力，并导致杨树矮化，但茎保水性提高，以此提高杨树的抗旱性（Zhuang et al.，

2020）。84K 杨中过表达 *PagWOX11/12a* 基因后提高了根部生物量，杨树的抗旱性也提高（Wang et al.，2020）。过表达 *PtHMGR* 基因可提高南林 895 杨的抗旱性及耐盐性（Wei et al.，2020）。大多数杨属树种是抗旱并耐寒的，除了胡杨（*Populus euphratica*）。Chen 等（2013）从胡杨中克隆了一种钙依赖性蛋白激酶基因 *PeCPK10*，在拟南芥中过表达后提高了拟南芥的抗旱性和抗寒性。He 等（2019）将胡杨中的 C2H2 型锌指蛋白转录因子 PeSTZ1 转入 84K 杨中，通过调控 *PeAPX2* 基因清除 ROS，提高了杨树的耐寒性（He et al.，2019）。随着采矿、化石燃料燃烧、化肥施用等各种人类活动将重金属不断地带入环境，对自然环境造成了严重的生态影响。重金属污染物中，典型的非必需元素镉（Cd）和铅（Pb）含量最高，不能参与动植物的各种代谢反应。而锌（Zn）是一种重要的必需元素，在蛋白质、脂质和碳水化合物代谢中起重要作用，但浓度高时可导致生物体出现生理、生化功能障碍（Filipiak et al.，2010）。杨树中有关重金属抗逆基因工程的研究有很多。有研究表明，毛白杨中的 *PtoEXPA12* 基因过表达后能提高转基因烟草对 Cd 的积累。因此，该基因有可能是参与 Cd 的吸收与富集，有可能与植物损伤修复有关（Zhang et al.，2018）。欧洲山杨中过表达植物螯合肽合成酶基因 *TaPCS1* 提高了转基因杨树的生物量，当在含有 Pb 的培养基中培养时提高了对 Pb 的积累（Couselo et al.，2010）。

1.3 大青杨抗逆分子基础研究的意义

中国东北地区是杨属物种比较集中的地区，青杨组的大青杨、香杨、甜杨和白杨派的山杨分布较广（张桂芹等，2015）。其中大青杨是我国东三省特有的乡土树种，耐寒、速生、适应性强，在同等森林环境条件下与其他树种相比，造林效果更明显，是分布区内山地营造速生丰产用材林的主要树种之一（张桂芹等，2015）。其木材轻软，韧性好，材质洁白且致密，耐腐朽，是造纸及制作胶合板极好的原料，被许多国家列为重要的工业用材林树种。随着东北天然林采伐的停止，可用于营造大青杨人工林的林地多是荒山荒地和退耕还林地等，这样的立地条件就需要抗旱、耐瘠薄、适应性强的大青杨新品种。分子育种与常规育种相比，具有目的性强、育种周期短、可以打破物种间杂交不亲和界限等优点（姚觉等，2007）。近几年来大青杨抗逆基因工程育种越来越引起人们的重视。

非生物胁迫对植物生长发育的影响很大，近些年来有关抗逆基因及转录因子的研究越来越多，我们可以利用基因改良的方式快速提高林木的抗逆能力。本书介绍了几种利用转录因子提高杨树抗逆能力的实例，并对其抗逆的分子机制进行了深度解析。研究热激转录因子并探究这些基因的功能，为杨树抗逆基因工程提供了新品种及理论支持。

参 考 文 献

白卉, 卢慧颖, 曹焱, 等. 2010. 中国山杨与美洲山杨杂种腋芽离体快速繁殖与规模化生产. 植物生理学通讯, 46: 57-58.

陈道明, 黄敏仁. 1980. 加龙杨(*Populus nigra* cv. Blanc de garonne)茎尖组织培养及其同工酶的变化. 南京林业大学学报(自然科学版), 118: 104-107.

陈维伦, 郭东红, 杨善英, 等. 1980. 山新杨(*Populus davidiana*×*P. bolleana* Loucne)叶外植体的器官分化以及生长调节物质对它的影响. 中国植物学报, 4: 9-13.

陈维伦, 杨善英, 郭东红. 1991. 一种以黄化法为基础提高毛白杨快速繁殖效率的新方法. Journal of Integrative Plant Biology, 90: 14-18.

程云. 2009. 黑杨派无性系 SN05-11 和 LN05-51 再生体系的研究. 武汉: 华中农业大学硕士毕业论文.

杜晓艳. 2010. 三种杨树再生体系的建立及青海青杨遗传转化的研究. 重庆: 西南大学硕士毕业论文.

杜晓艳, 韩素英, 梁国鲁, 等. 2011. 青海青杨高效再生体系的建立. 林业科学研究, 24: 701-706.

耿飒, 姬生栋, 袁金云, 等. 2006. 青杨组织培养快速繁殖. 河南师范大学学报(自然科学版), 34: 103-105.

郭斌, 游阳, 季乐翔, 等. 2011. 美洲黑杨与大青杨杂种无性系离体培养和叶片再生体系的建立. 中国农学通报, 27: 13-19.

姜洋, 刘焕臻, 李开隆. 2017. 大青杨再生体系的优化. 东北林业大学学报, 45: 28-32.

李开隆, 靳春莲, 李明德. 2009. 香杨的组织培养和植株再生. 植物生理学通讯, 45: 281.

李世承, 李晶, 佟凤琴, 等. 1995. 山杨、大青杨、毛白杨组织培养的研究. 辽宁大学学报(自然科学版), 22: 59-62.

林静芳, 董茂山, 黄钦才. 1980. 白杨派树种的组织培养. 林业科学, S1: 58-65.

刘玉庭, 方旭东. 2001. 黑龙江省林区大青杨培育的研究. 林业勘查设计, 3: 37-38.

沈周高, 项艳, 蔡诚, 等. 2006. 3 个杨树品种叶片再生体系的建立. 中国农学通报, 22: 90-96.

宋建英. 2008. 邓恩桉种子组织培养的研究. 中南林业科技大学学报, 28: 75-80.

苏晓华, 黄秦军, 张香华, 等. 2001. 中国大青杨基因资源研究. 林业科学研究, 14: 472-478.

苏晓华, 张冰玉, 黄秦军, 等. 2003. 我国林木基因工程研究进展及关键领域. 林业科学, 39: 111-118.

田晓明, 谭晓风. 2009. 转基因杨树的研究进展及展望. 湖南林业科技, 36: 71-73, 85.

王冰, 王建光, 姜秀煜, 等. 2003. 阔叶红松林的伴生乡土杨树——大青杨. 林业科技, 28: 12-14.

王善平, 许农, 许智宏, 等. 1991. 利用 PEG 法对 *GUS* 基因在几种杨树原生质体中瞬间表达的研究(简报). 实验生物学报, 24: 71-74.

姚觉, 于晓英, 邱收, 等. 2007. 植物抗旱机理研究进展. 华北农学报, 22: 51-56.

于杰, 李云, 李瑞先, 等. 1989. 用植物组织培养法快速繁殖毛白杨优株. 河北林业科技, 2: 12-14.

张桂芹, 张同伟, 杨秀华, 等. 2015. 东北大青杨选育研究概况及生长性状调查. 林业科技, 40: 27-29.

张红晓, 经剑颖. 2003. 木本植物组织培养技术研究进展. 河南科技大学学报(农学版), 23:

66-69.

张蕾, 苏晓华, 张冰玉, 等. 2007. 京 2 杨组培条件的优化及再生体系建立. 林业科学研究, 20: 787-793.

甄成. 2016. 毛果杨组培再生及遗传转化体系研究. 哈尔滨: 东北林业大学博士学位论文.

郑均宝, 张玉满, 杨文芝, 等. 1995. 741 杨离体叶片再生及抗虫基因转化. 河北农业大学学报, 18: 20-25.

Ahuja M R. 2013. Micropropagation of woody plants. Springer Science & Business Media, 41: 634-956.

Brand R, Venverloo C J. 1973. The formation of adventitious organs. II. The origin of buds formed on young adventitious roots of *Populous nigra*. var. *italica*. Acta Botanica Neerlandica, 22: 399-406.

Cao Y, Li H, Pham A Q, et al. 2016. An improved transient expression system using *Arabidopsis* protoplasts. Current Protocols in Plant Biology, 1: 285-291.

Chalupa V. 1974. Control of root and shoot formation and production of trees from poplar callus. Biologia Plantarum, 16: 316-320.

Charest P J, Devantier Y, Jones C, et al. 1997. Direct gene transfer in poplar. United States Department of Agriculture Forest Service General Technical Report Rm, 60-64.

Chen J, Xue B, Xia X, et al. 2013. A novel calcium-dependent protein kinase gene from *Populus euphratica*, confers both drought and cold stress tolerance. Biochemical and Biophysical Research Communications, 441: 630-636.

Coleman G D, Ernst S G, 1989. *In vitro* shoot regeneration of *Populus deltoides*: effect of cytokinin and genotype. Plant Cell Reports, 8: 459-462.

Couselo J L, Navarro-Avino J, Ballester A. 2010. Expression of the phytochelatin synthase TaPCS1 in transgenic aspen, insight into the problems and qualities in phytoremediation of Pb. International Journal of Phytoremediation, 12: 358-370.

De Block M. 1990. Factors influencing the tissue culture and the *Agrobacterium tumefaciens*-mediated transformation of hybrid aspen and poplar clones. Plant Physiology, 93: 1110-1116.

Filipiak M, Bilska E, Tylko G, et al. 2010. Effects of zinc on programmed cell death of *Musca domestica* and *Drosophila melanogaster* blood cells. Journal of Insect Physiology, 56: 383-390.

Gautheret R J. 1983. Plant tissue culture: a history. The Botanical Magazine=Shokubutsu-Gaku-Zasshi, 96: 393-410.

He F, Li H G, Wang J J, et al. 2019. PeSTZ 1, a C_2H_2-type zinc finger transcription factor from *Populus euphratica*, enhances freezing tolerance through modulation of ROS scavenging by directly regulating PeAPX 2. Plant Biotechnology Journal, 17: 2169-2183.

Howe G T, Goldfarb B, Strauss S H. 1994. Agrobacterium-mediated transformation of hybrid poplar suspension cultures and regeneration of transformed plants. Plant Cell Tissue and Organ Culture, 36: 59-71.

Huetteman C A, Preece J E. 1993. Thidiazuron: a potent cytokinin for woody plant tissue culture. Plant Cell, Tissue and Organ Culture, 33: 105-119.

Massimo D, Gianni A, Beatrice B, et al. 2001. Transformation of white poplar (*Populus alba* L.) with a novel *Arabidopsis thaliana* cysteine proteinase inhibitor and analysis of insect pest resistance. Molecular Breeding, 7: 35-42.

Mathes M C. 1964. The *in vitro* formation of plantlets from isolated aspen tissue. Phyton, 21: 137-141.

McCown B, McCabe D, Russell D, et al. 1991. Stable transformation of *Populus* and incorporation of pest resistance by electric discharge particle acceleration. Plant Cell Reports, 9: 590-594.

Mukhopadhyay A, Töpfer R, Pradhan A K, et al. 1991. Efficient regeneration of *Brassica oleracea* hypocotyl protoplasts and high frequency genetic transformation by direct DNA uptake. Plant Cell Reports, 10: 375-379.

Parsons T J, Sinkar V P, Stettler R F, et al. 1986. Transformation of poplar by *Agrobacterium tumefaciens*. Bio/Technology, 4: 533-536.

Sellmer J C. 1992. Examination and manipulation of *Populus* cell competence for direct gene transfer. Wisconsin: the University of Wisconsin-Madison, Doctoral Dissertation.

Wang L Q, Li Z, Wen S S, et al. 2020. WUSCHEL-related homeobox gene PagWOX11/12a responds to drought stress by enhancing root elongation and biomass growth in poplar. Journal of Experimental Botany, 71: 1503-1513.

Wei H, Movahedi A, Xu C, et al. 2020. Overexpression of PtHMGR enhances drought and salt tolerance of poplar. Annals of Botany, 125: 785-803.

Wolter K E. 1968. Root and shoot initiation in aspen callus cultures. Nature, 219: 509-510.

Wu J, Liu Q, Dang H, et al. 2017. Cloning and functional identification of hexose transporter gene MeSTP7 in cassava (*Manihot esculenta*). Genomics and Applied Biology, 36: 2032-2039.

Wu S, Zhu H, Liu J, et al. 2020. Establishment of a PEG-mediated protoplast transformation system based on DNA and CRISPR/Cas9 ribonucleoprotein complexes for banana. BMC Plant Biology, 20: 1-10.

Zhang H, Ding Y, Zhi J, et al. 2018. Over-expression of the poplar expansin gene PtoEXPA12 in tobacco plants enhanced cadmium accumulation. International Journal of Biological Macromolecules, 116: 676-682.

Zhuang Y, Wang C, Zhang Y, et al. 2020. Overexpression of PdC3H17 confers tolerance to drought stress depending on its CCCH domain in *Populus*. Frontiers in Plant Science, 10: 1748.

2 大青杨遗传转化体系的建立

自 20 世纪 80 年代证实了杨树可以进行遗传转化后，陆续有很多外源基因在林木细胞中实现表达，就此林木基因工程取得了很大进展。杨树具有基因组相对较小、生长周期短、容易离体操作的特点，随着 2006 年毛果杨的全基因组序列在《科学》杂志上发表，杨树便作为林木分子研究的模式植物，被喻为林木中的烟草，为利用分子生物学技术分析杨树抗性相关调控基因及其功能提供了必要条件，奠定了杨树品种改良的基础，并推动了杨树基因工程的迅速发展。而实现遗传转化的前提是具备一个高效、稳定的遗传转化体系。

杨树是根瘤农杆菌的天然宿主，比较适合利用农杆菌介导法进行转化。随着林木基因工程的发展，迄今已建立了很多杨树品种的遗传转化体系，如 84K 杨（王丽娜等，2017）、毛白杨（李春利等，2016）、南林 895 杨（孙伟博等，2013），然而一些转化体系仍然存在转化效率低等问题，很多方面仍需进一步完善，尤其对于大青杨的遗传转化体系还没有被报道。下面我们具体介绍有关大青杨受体系统及遗传转化体系优化的过程。

2.1 大青杨组培体系的建立

2.1.1 外植体的选择和消毒

当年生的大青杨实生苗生长到两个月的时候，苗高大概 50cm，从实生苗顶端已展叶的第一片叶开始，分别取茎段、叶片，放在 100mL 三角瓶中，纱布包住瓶口，绑紧后放在水龙头下冲洗 2～4h，取出材料放入 75%的乙醇里消毒 30s～1min，用高压灭菌过的蒸馏水冲洗 3 次，然后将材料放入 1%次氯酸钠中灭菌 10～20min，用灭菌水冲洗 3 次。

2.1.2 不定芽的诱导及增殖

2.1.2.1 不定芽诱导培养基的筛选

以 MS 为基本培养基，选定 6-BA、NAA 和 TDZ 三种生长调节物质，设定不同浓度梯度，得到多种不同浓度梯度培养基，再将大青杨组培苗的茎段、叶片分别接种于不同的筛选培养基上，其中每个培养皿培养 10 个外植体，每个处理重复

3 次，每 4 周继代一次，记录不同处理的不定芽诱导率。不同种类筛选培养基的筛选结果见表 2-1。

表 2-1　不同生长调节物质对不定芽的诱导

6-BA(mg/L)	NAA(mg/L)	TDZ（mg/L）	接种个数	平均产生不定芽的叶片数	平均诱导率（%）
0.5	0	0	10.0	4.8±1.25	60.4
1.0	0	0	10.0	5.8±1.04	65.8
2.0	0	0	10.0	4.3±0.56	62.4
0.5	0.2	0	10.0	6.8±2.34	68.5
1.0	0.2	0	10.0	8.5±0.36	78.6
2.0	0.2	0	10.0	8.3±0.25	80.5
0.5	0.2	0.1	10.0	5.4±0.65	88.3
1.0	0.2	0.1	10.0	15.4±4.2	98.5
2.0	0.2	0.1	10.0	12.8±2.8	85.2

由表 2-1 结果可知，不同浓度的 6-BA、NAA 和 TDZ 组合后不定芽的分化情况不同，其中 1.0mg/L 6-BA+0.2mg/L NAA+0.1mg/L TDZ 条件下的不定芽诱导率最高，达到了 98.5%。

2.1.2.2　不定芽的伸长及生根

增殖后的不定芽接种于不加任何生长素的 1/2MS 培养基中继续培养 4 周，不定芽会自然伸长，同时生根。大青杨很容易生根，根系也很发达，有利于转基因植株的获得。

经过大青杨外植体选择、分化培养基选择和各种激素配比及生根实验，建立了大青杨的组培体系，通过对各种组培条件和组培技术优化、改善，结合大青杨的生长分化实验记录分析，发现大青杨无性系的各方面生长状况良好，这为今后的实验和扩大化生产打下了良好的基础，并且确定大青杨无性系可以作为基因转化的外植体。

2.2　遗传转化体系的建立

2.2.1　构建表达载体

使用 *GUS* 作为报告基因，将其构建到 pCAMBIA1302 等植物表达载体中，并转化到根癌农杆菌中。本课题利用根癌农杆菌介导法将其转化到大青杨中，以此来建立大青杨的转基因受体系统，为转化目的基因做准备。转 *GUS* 的植株用 X-Gluc（5-溴-4-氯-3-吲哚-β-D-葡糖苷/酸）染色液进行检测，通过显色反应筛选转基因植株。呈阳性的植株会呈现蓝颜色。使用报告基因很方便，因为它的转化子很容易被检测。

2.2.2 根癌农杆菌介导法不同参数对转化效率的影响

2.2.2.1 根癌农杆菌菌株对抗性不定芽诱导率的影响

研究 EHA101、EHA105、LBA4404、GV1301 四种农杆菌菌株的抗性不定芽诱导率。将构建好的载体转入上述 4 种菌株中，经检测合格后，培养至 OD_{600} 值为 0.8 时收集农杆菌菌液。用农杆菌菌液在常温条件下侵染大青杨的嫩叶 30min，每次侵染 50 个外植体，三次生物学重复，培养一个月之后按下式统计计算抗性不定芽诱导率（%）：抗性不定芽诱导率（%）=长出抗性芽的叶片个数/总转基因叶片外植体个数×100。

结果表明（表 2-2），不同农杆菌菌株对抗性不定芽诱导率有一定的影响，与 GV3101 相比，EHA101、EHA105、LBA4404 诱导抗性不定芽具有明显优势，其中 EHA105 的抗性不定芽诱导率是最高的，高达 35.3%，因此，后续用 EHA105 菌株进行转基因。

表 2-2 不同农杆菌菌株对抗性不定芽诱导率的影响

农杆菌菌株	侵染个数	抗性不定芽诱导率（%）
EHA101	50	31.3±0.6
EHA105	50	35.3±1.5
LBA4404	50	30.0±1.0
GV3101	50	27.3±1.5

2.2.2.2 根癌农杆菌菌液浓度对抗性不定芽诱导率的影响

农杆菌的菌液浓度也是影响抗性不定芽诱导率的一个关键因素，分别用 OD_{600} 值为 0.2、0.5、0.8、1.0、1.2 的 EHA105 菌株菌液与外植体混合，常温侵染 30min，每次侵染 50 个外植体，三次生物学重复。侵染后的外植体接种于筛选的不定芽诱导培养基进行共培养（2d），经过灭菌水洗涤脱菌后，接种至含潮霉素的不定芽诱导培养基上进行筛选培养，培养一个月之后统计计算抗性不定芽诱导率（%）。

结果表明（表 2-3），随着农杆菌菌液浓度的提高，抗性不定芽诱导率随之提高，但是 OD_{600} 值达到 1.0 之后，抗性不定芽诱导率开始降低，OD_{600} 值为 0.8 时的抗性不定芽诱导率最高，当菌液浓度高于 0.8 时，菌生长速度比较快，很难脱菌，造成污染率比较高，因此，选择 OD_{600} 值为 0.8 最为合适。

表 2-3　农杆菌菌液浓度对抗性不定芽诱导率的影响

农杆菌菌液浓度（OD$_{600}$）	侵染个数	抗性不定芽诱导率（%）
0.2	50	17.3±1.2
0.5	50	23.3±1.5
0.8	50	34.0±2.0
1.0	50	26.7±0.6
1.2	50	26.0±1.0

2.2.2.3　侵染时间对抗性不定芽诱导率的影响

为研究侵染时间对抗性不定芽诱导率的影响，用 OD$_{600}$ 值为 0.8 的 EHA105 菌株菌液分别侵染大青杨外植体 15min、30min、45min，之后共培养 3d 后，在含 3mg/L 潮霉素的不定芽诱导培养基进行筛选培养，培养一个月之后统计抗性不定芽诱导率（%）。

结果表明（表 2-4），侵染 30min 和 45min 比 15min 的抗性不定芽诱导率要高，而且侵染 30min 和 45min 没有差别，因为选择 30min 比较合适。

表 2-4　侵染时间对抗性不定芽诱导率的影响

侵染时间（min）	侵染个数	抗性不定芽诱导率（%）
15	50	16.7±0.6
30	50	34.7±2.5
45	50	34.7±1.5

2.2.2.4　共培养时间对抗性不定芽诱导率的影响

为了研究共培养时间对抗性不定芽诱导率的影响，在上述培养方法的基础上，选择了 1d、2d、3d、4d 四个共培养时间来判断其对抗性不定芽诱导率的影响。

结果表明（表 2-5），共培养 3d 的抗性不定芽诱导率最高，其次是 2d。共培养时间过长会导致菌株生长旺盛，不好脱菌，所以 4d 后抗性不定芽诱导率会明显下降。因此，选择 3d 共培养时间效果最佳。

表 2-5　共培养时间对抗性不定芽诱导率的影响

共培养时间（d）	侵染个数	抗性不定芽诱导率（%）
1	50	17.3±0.6
2	50	29.3±2.5
3	50	34.0±2.0
4	50	22.7±1.5

2.2.2.5　共培养温度对抗性不定芽诱导率的影响

共培养温度有时对抗性不定芽诱导率也会有影响，分别在 21℃、23℃、25℃ 培养条件下共培养 3d，每次侵染 50 个外植体，三次生物学重复。共培养 3d 后，接种于含 3mg/L 潮霉素的不定芽诱导培养基中，筛选培养一个月之后统计计算抗性不定芽的诱导率（%）。

结果表明（表 2-6），共培养温度为 23℃ 时的抗性不定芽诱导率最高，但是三个温度下的抗性不定芽诱导率差别不大。

表 2-6　共培养温度对抗性不定芽诱导率的影响

共培养温度（℃）	侵染个数	抗性不定芽诱导率（%）
21	50	33.3±2.1
23	50	34.7±0.6
25	50	31.3±0.6

2.2.2.6　潮霉素浓度对抗性不定芽个数的影响

在上述筛选结果的基础上，以野生型大青杨外植体为材料，在固体分化培养基中分别添加 0mg/L、1mg/L、2mg/L、3mg/L、4mg/L、5mg/L、6mg/L 6 个浓度潮霉素对其筛选半个月。由于潮霉素毒性较大，统计半个月的存活个数，最终以刚好死亡的临界浓度作为筛选转化子的合适浓度。

将幼嫩叶片接种在不含潮霉素的叶片不定芽分化培养基上作为对照，接种后，叶片几乎都能产生大量不定芽，而在添加不同浓度潮霉素的培养基上，叶片的反应不同。由表 2-7 可以看出，随着潮霉素浓度的升高，抗性不定芽个数下降，潮霉素浓度为 1mg/L 与 2mg/L 时仅能产生少量不定芽，而在浓度为 3mg/L 时不能分化形成芽。叶片分化的潮霉素临界浓度要求是既能有效抑制非转化细胞生长，使之缓慢死亡，又不影响转化细胞正常生长。因此，进行大青杨遗传转化时，潮霉素浓度为 3mg/L 较为合适。

表 2-7　潮霉素浓度对抗性不定芽个数的影响

潮霉素浓度（mg/L）	每瓶外植体个数	抗性不定芽个数
0	40	38
1	40	10
2	40	5
3	40	0
4	40	0
5	40	0
6	40	0

选择潮霉素作为筛选标记，筛选得到的转化子相对假阳性率比较低，产生抗性的转化子经分子检测后 95%以上为阳性，与先前选用卡那霉素作为筛选标记进行筛选约有一半假阳性的结果相比，使用潮霉素作为筛选标记能提高大青杨转化体系的准确性。

2.2.2.7 外植体种类对抗性不定芽诱导率的影响

挑选生长良好的组培苗的茎段和叶片作为外植体，与培养好的农杆菌菌液（OD_{600}=0.8）共培养 30min，每次侵染 50 个外植体，三次生物学重复，培养一个月之后统计计算抗性不定芽诱导率（%）。

结果表明（表 2-8），叶片的抗性不定芽诱导率低一些，以叶片为外植体得到的抗性不定芽比茎段获得的数量要少，而且茎段不太容易脱菌。但二者抗性不定芽诱导率均超过 20%，而且筛选时间可控制在一个月之内，达到预期技术目标。

表 2-8　外植体种类对抗性不定芽诱导率的影响

不同外植体	侵染个数	抗性不定芽诱导率（%）
茎段	50	36.0±1.0
叶片	50	27.3±1.2

2.3　转基因植株的筛选和分子检测

将抗性愈伤在选择培养基上分化得到抗性芽，再利用生根培养基筛选，在生根培养基上能生根生长的植株，可以初步认定为转化植株，图 2-1A～G 展示了大青杨转基因的整个过程。筛选培养三个月后，随机取转化后的 15 个抗性植株为材料，按照十六烷基三甲基溴化铵（cetyltrimethylammonium bromide，CTAB）方法提取转基因植株总 DNA（Jefferson et al.，1987），利用 *GUS* 基因的特异性引物 F：5′-AATCCATCGCAGCGTAATGCTCT-3′；R：5′-GCTGGCCTGCCCAACCTTTCGG TAT-3′进行目的基因的 PCR 扩增（图 2-1H）。定量反转录 PCR（quantitative reverse transcriptase PCR，qRT-PCR）分析结果如图 2-1I 所示，过表达株系的 GUS 相对表达量均比 WT 要高很多倍。同时对 PCR 阳性的转基因植株进行 β-葡萄糖苷酸酶（β-glucuronidase，GUS）显色验证（图 2-2），最终有 7 个抗性芽经过 PCR 检测及 GUS 染色后呈阳性。

本实验通过 GUS 组织化学染色、PCR、qRT-PCR 检测了大青杨转基因系统的遗传转化效率，已超过 10%，可用于今后的目的基因转化及后续研究。

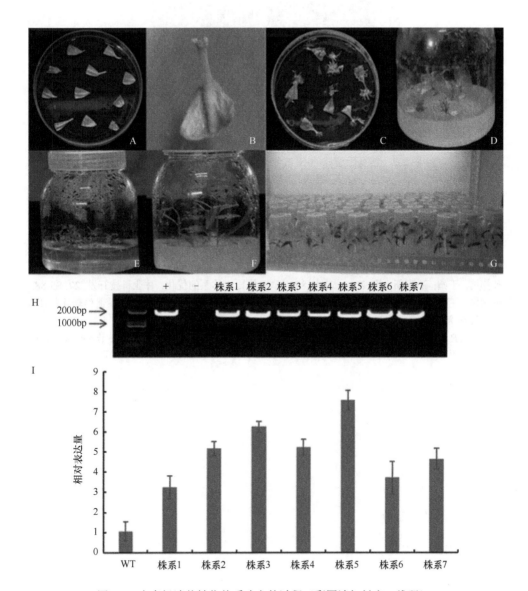

图 2-1　大青杨遗传转化体系建立的过程（彩图请扫封底二维码）

A. 在添加 3mg/L 潮霉素的培养基中进行抗性芽的筛选；B 和 C. 伤口处长出的抗性芽；D. 抗性芽的增殖；E 和 F. 抗性芽的生根及植株再生；G. 筛选的潮霉素抗性的转基因再生植株的扩繁；H. DNA 水平上的 PCR 检测；I. RNA 水平上转基因株系的检测。+. 以带有 *GUS* 基因的质粒 DNA 为模板进行 PCR 作为阳性对照；−. 以野生型大青杨 DNA 为模板进行 PCR 作为阴性对照

WT　　　　　　　*CaMV35S::GUS*

图 2-2　转基因植株的 GUS 染色检测（彩图请扫封底二维码）

左图为非转基因植株；右图为转基因植株

参 考 文 献

李春利, 王孝敬, 丁强强, 等. 2016. 毛白杨叶片再繁和遗传转化体系的优化. 植物研究, 36: 177-183.

孙伟博, 于娟, 潘惠新, 等. 2013. '南林 895 杨'遗传转化体系的优化. 林业科技开发, 27: 85-88.

王丽娜, 王玉成, 杨传平. 2017. 84K 杨愈伤组织再生体系和直接分化再生体系遗传转化的比较性研究. 植物研究, 37: 542-548.

Jefferson R A, Kavanagh T A, Bevan M W. 1987. GUS fusions: beta-glucuronidase as a sensitive and versatile gene fusion marker in higher plants. The EMBO Journal, 6: 3901-3907.

3 大青杨 PuHSFA4a 响应高锌胁迫的机制研究

热激转录因子（heat shock transcription factor，HSF）是一大类复杂的响应植物逆境的转录因子。HSF 在酵母中首次被发现，在植物中首次于番茄中被研究，而且研究得最为详细，之后在拟南芥、水稻等模式作物中被鉴定和描述，但在木本植物中很少被克隆和进行功能分析。已有研究表明，HSF 参与高温、干旱、盐、氧化及重金属 Cd 胁迫调控的生物学过程，但是 HSF 在高锌胁迫下的抗逆调控机制没有报道。本研究首次发现 HSF 响应高锌胁迫，并且初步阐明了大青杨 PuHSFA4a 转录因子响应高锌胁迫的分子作用机制。

3.1 大青杨 *PuHSFA4a* 基因及其启动子的表达研究

3.1.1 实验材料

3.1.1.1 植物材料

实验室保存的组培苗。

3.1.1.2 菌株与载体

大肠杆菌 DH5α、农杆菌 EHA105、pBI121-*GUS* 质粒为本实验室保存，pMDTM18-T 购于 TaKaRa 公司。

3.1.2 实验结果和分析

3.1.2.1 大青杨 A 类 *PuHSF* 基因在高锌胁迫下的表达模式

在大青杨中 A 类 HSF 转录因子成员总共有 17 个，分别是 PuHSFA1a、PuHSFA1b、PuHSFA1c、PuHSFA2、PuHSFA3、PuHSFA4a、PuHSFA4b、PuHSFA4c、PuHSFA5a、PuHSFA5b、PuHSFA6a、PuHSFA6b、PuHSFA7a、PuHSFA7b、PuHSFA8a、PuHSFA8b 和 PuHSFA9。通过 qRT-PCR 对高锌胁迫下大青杨的 17 个 *HSF* 基因进行了表达模式分析（图 3-1），从中可以看到，高锌胁迫下 A 类 HSF 在大青杨根部中的表达量各不相同。在处理 24h 内，只有 *PuHSFA4a* 基因在高锌胁迫下的根部表达量显著上调，并且在 12h 的时候达到高峰，在 24h 的时候表达量又有所下降，是 0h 的 36 倍。*PuHSFA1a*、*PuHSFA1b*、*PuHSFA4c* 和 *PuHSFA5b* 基因在高锌胁迫下的根部表达量显著下降，A 类其他基因的根部表达量没有太大的变化。结果表明：在高锌胁迫下，*PuHSFA4a* 基因的表达量在根部显著上调，而 *PuHSFA1a*、*PuHSFA1b*、*PuHSFA4c* 和 *PuHSFA5b* 基因的表达量显著下调。初步证明：大青杨中 A 类 *HSF* 基因家族的 *PuHSFA4a* 可能参与高锌胁迫下植物的调控。

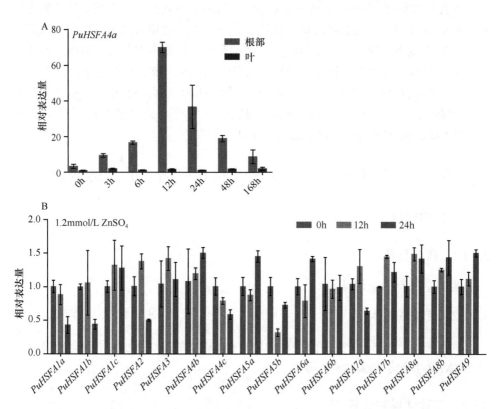

图 3-1   高锌胁迫下通过 qRT-PCR 分析大青杨中 A 类 *HSF* 基因家族表达模式

A. 高锌胁迫下 *PuHSFA4a* 基因在根部和叶中的表达模式；B. 高锌胁迫下通过 qRT-PCR 分析大青杨中根部 A 类 *HSF* 基因家族的表达模式

3.1.2.2   大青杨 *PuHSFA4a* 基因在非生物胁迫下的表达模式

为了研究大青杨 *PuHSFA4a* 基因是否被高锌胁迫特异性诱导，进行了其他非生物胁迫下该基因的表达模式观察（图 3-2）。

从图 3-2 中可以看到，在不同胁迫处理的 0~24h，*PuHSFA4a* 基因的表达量稍有不同的变化。在 $CdCl_2$、$FeSO_4$、PEG6000 和脱落酸（ABA）胁迫条件下，

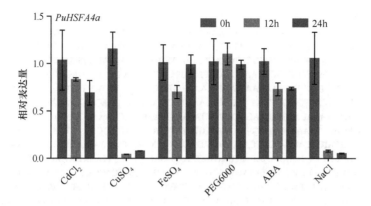

图 3-2 各种非生物胁迫下利用 qRT-PCR 分析 *PuHSFA4a* 基因在大青杨根部的表达

PuHSFA4a 基因的表达量没有太大的变化，在 $CuSO_4$ 和 NaCl 胁迫条件下表达被抑制，表达量显著下降。这个结果表明：*PuHSFA4a* 基因的表达量在其他非生物胁迫条件下不会被诱导上调。初步证明：*PuHSFA4a* 基因特异性地被高锌胁迫诱导上调表达。

3.1.2.3 *PuHSFA4a* 启动子的克隆及转基因株系的鉴定

本研究发现 A 类 *HSF* 基因家族中只有 *PuHSFA4a* 能够特异性地被过量的锌诱导上调表达，说明这个基因和高锌胁迫息息相关。因此克隆 *PuHSFA4a* 基因启动子进行更进一步的研究，将这个启动子连接到 pBI121-*GUS* 载体后，转入大肠杆菌 DH5α 中。从菌中提取重组质粒，用 *PuHSFA4a* 基因启动子的引物以重组质粒为模板进行 PCR，结果见图 3-3。由其可见，PCR 扩增出的单一条带的亮带大小约为 2203bp 长度。测序后证实符合理论大小和预测序列，说明启动子克隆准确无误，得到 *PuHSFA4a* 启动子序列 ATG（起始密码子）前 2203bp（图 3-4）。

测序成功的菌液提取质粒，用液氮法转化到农杆菌 EHA105 感受态细胞中，涂到筛选平板上，将得到的阳性菌落进行摇菌培养，取 10μL 用沸水煮 10min，离

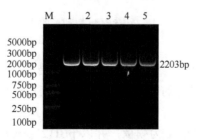

图 3-3 *PuHSFA4a* 启动子的 PCR 检测

M. DL5000 DNA marker；1～5. 扩增条带

PuHSFA4a启动子

TTAATGAGAACAATTTTTATAGAAAAAAAGAGAGGAGCATAACCACTCTTCATCACAG
AGGGCTTCCTTAACAAGGTTTTCCCCAACAACTCTCGGGTCAGTCTCCTCTAATATCAA
CACTAGGCATGAGCTACTCCTCAAGCAAGATTTCTCTCTTCTATATTTGATGCTTTTTTC
TGATTGACTTGCTGCAAAATTGTGCTTACGTGGTCAATACCCTTAAGAGATGGGTAAC
TACCTCTAACTTCCAAGAATTACTTAAATGAGTTCTTTAATTGTCTGTCTTAGAGTCAAT
TTTTTTCATTGATTATTTCCTAGACCCAAGTCCACCTACATCAACCAAAAGATGAAACA
CATTTAAAACATGTACAAGACATAATTACAATTTAACATACCAAAAGGAAAGAATCATA
CATATCCTAAAATCCTTTTTAAATAATGTCTTTTAATAATATAGTCTTAATGTAACTCTAAG
TTATTATGTCACCATGACCATAATAAAGACTTGTGGGGCTACTAATAAGCTTGACCTAAA
ATAAATCCTAAAACAAATAGTGATGGGTTCAAGATTGACCCTTAAATCCTACCTATTCAT
AGTATAGTTTTAGGTTTAAAGTATCTAGGATCAAGTTAGTTCACCTACGCCCACCACCA
AAAATGGTTTAGGCTCGGGATAGCCTACTAATTTGAGTTAATGAGGGTTTGACGGTAGG
CCGGGTCCCTCCAAAACCCAAATCCTTGCCATCTTACAGGTTTTGATTTGGCTTGCATA
AGCCCACCACCAACTATGTGGTTCAGGACTTTCACACCATGCAAATCTATGTCATTTATT
TATATATATAAGCTTATGAATCACTAGATACATTAAGCTTGTCAACTCTTATAAATATATAA
AAGAAAAAAAAAAGAGTTCACATTCCTTTCACCTCTCATTATTCTTTCATCTTCCTCG
AATGCACATACACACAATCTAAAAGGTTTCCCTCCGCCTAAACTTATACTAACTTAAGC
ATTATAGAATCTCATAAGTTTATCAAAGGACTTGTTTTTGCAAGTGCTCAAAGATATCAT
GCATCAGCAAAGTTGGAGCTGCCTTGTCATTGCAAAGATTACAAACAGTTAGTCCTGAT
ACGCGTATACTTGAGTAATAATTACAAATAAAAGATGACACCTGATCCACAAACTTTTG
TTATATGTAATATACTTAAAAAAGGAAAAAAATGTATACCAGAAAAAAAAAAAAAACAG
AAGATAAGCATCCAAATTTAAGAAACCTAAGTACGCGGTTCGAGAGTGGGAATCCCAA
AAAAAGAAAAAAATAAAAAAGAAAGAGACAGCGAAACACATCGTTTTTTGGACAAC
AAACGACAAATCTCCTCCTTCTTGCTTGCAAACGTCTTCGCTAAATTTCTTTATGTTTTC
TTTAAAAATAATTGTTGAAGGTTAGACTAACAAAGAACAAAAAAAAAAAAAAAAAACTGG
GGCAAAGGCAAAAGGGTTAAAGAACCCCCAGTTTACTTAAAGGGAAAAAAAAAAGTTT
TTGATTGATCCTCCACCTAAAAAAAAACAAAAATGACCGGGGAGGGGGGGCGGGGGGT
TTGTTTTTGCTAAAAAAAAAAAAAAACAAAAAAAAAAAAAAAAAAAACGGTTTTGTTTTTTTC
TTCTTGGGGGGGGGGGGTTTGTTTAATTGGCCCCAAAAGGAAGGAAGGGGACCCCCC
CCCTTTTCTTTCTTTTTTTTTTTTAAAAACAACAACAAAAAATCCCAGGGGTTTCCCCTT
CCCCTGAATTTTGAAAACGGGCCCCCTTCAACATTTTCTTTCTTTCGGTTATTCCTTCGG
TTTTACGGGGGGGAGTTGATTGATTGATTCTTTGGAACCAAATTTTTGGGGGTTCTTATT
TTGAGGGATTTTTTTTCTTTTTACCAAAAAATTGAAAGATTGGGAATTGGGTTTTAAGG
GAGTTTAACCTCTGTTAAATTAAAACCCCAAAGGTTTTGACTTGGCCAAAATTTGGGTT
TTTGCCCTTTGGGATTTTCATTTTTTGAAGAATTTTGTTGAATTTAAGGGGGTTGATGG
TGTAATTGAAAAAAAAAATAAGGTTTTTATTTAAGG**ATG**GAAAAACCCAGGGCCCCTT
CAAATTCCCTCCCCCTTTTTCTTGCAAAGCTAAAGAAAAGGGGGGAAAACCCTTCCC
CCGGAATCAATTGTTTCAGGGG

图 3-4 PuHSFA4a 启动子的序列

红色部分是基因起始密码子 ATG

心取上清，进行 PCR 鉴定，结果见图 3-5。取条带大小符合的菌液提取质粒并进行测序，选取测序结果最好的 2 号菌液作为基因工程菌用于之后的转基因操作。

提取野生型和转基因大青杨 DNA，*PuHSFA4a* 启动子转基因大青杨共提取 20个株系。以提取的待检 DNA 为模板，并以 pBI121-*ProPuHSFA4a-GUS* 质粒为模板作为阳性对照，以野生型大青杨为模板作为阴性对照，用 *GUS* 基因的引物进行 PCR 检测，如图 3-6 所示，有 6 个株系有目的条带，大约在 1198bp 处。

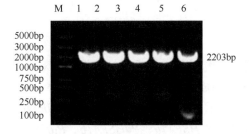

图 3-5 农杆菌质粒 *PuHSFA4a* 启动子的 PCR 检测
M. DL5000 DNA marker；1～6. *PuHSFA4a* 启动子引物扩增条带

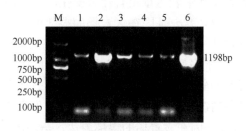

图 3-6 大青杨 *PuHSFA4a* 启动子转基因株系中 *GUS* 基因的 PCR 检测
M. DL2000 DNA marker；1～6. 扩增条带

3.1.2.4 *PuHSFA4a* 启动子的时空表达

选取 *PuHSFA4a* 启动子转基因植株在正常生长条件或者高锌胁迫条件下培养，之后进行 GUS 组织化学染色，染色结果见图 3-7。由其可见，在没有胁迫的时候整个植物未见染色，在高锌胁迫后转基因株系整个根部被染成蓝色，但转基因植株的叶和茎基本未染色，实验结果说明高锌胁迫下，*PuHSFA4a* 启动子可以驱动根部 *GUS* 基因的表达。*PuHSFA4a* 基因在高锌胁迫下主要在大青杨根部表达，其他部位则较少表达。

图 3-7 *PuHSFA4a* 启动子转基因植株的 GUS 组织化学染色（彩图请扫封底二维码）
左侧是正常生长的转基因株系染色情况；右侧是高锌胁迫后转基因株系的染色情况；标尺=1cm

3.1.3 小结

本研究以大青杨为研究对象，与毛果杨数据库比对，从大青杨转录组数据中获得 17 个 A 类 *HSF* 基因成员的序列，分析了高锌胁迫下 A 类 *HSF* 基因家族在根部的表达模式，结果显示：在高锌胁迫下只有 *PuHSFA4a* 被显著诱导上调表达，并且在 12h 达到最高峰，*PuHSFA1a*、*PuHSFA1b*、*PuHSF4c* 和 *PuHSFA5b* 基因在高锌胁迫下被抑制表达，而剩余基因没有太大的变化。同时发现高锌胁迫下 *PuHSFA4a* 基因在大青杨叶中表达量没有什么变化，比根部的表达量低很多。说明了在高锌胁迫下，*PuHSFA4a* 基因在大青杨的根部可能起着很重要的作用。通过毛果杨基因组序列设计 *PuHSFA4a* 启动子引物，在大青杨中克隆出 *PuHSFA4a* 启动子，与毛果杨的启动子序列进行了比较，发现一致性在 80% 左右（Tuskan et al., 2006）。将大青杨中的 *PuHSFA4a* 启动子构建到 *GUS* 载体上，转入野生型大青杨中观察高锌胁迫下染色情况。经 GUS 组织化学染色，发现 *PuHSFA4a* 启动子可以在高锌胁迫下驱动 *GUS* 基因在大青杨的根部表达，与基因表达分析的结果一致，而在其他非生物胁迫下 *PuHSFA4a* 基因没有被诱导表达。这些结果说明，大青杨 *PuHSFA4a* 基因参与高锌胁迫响应机制，而且这种调控机制是高锌特异性诱导的。

3.2 大青杨 *PuHSFA4a* 基因的抗高锌功能研究

3.2.1 实验材料

野生型大青杨（WT）、*PuHSFA4a* 过表达大青杨转基因株系（*PuHSFA4a-OE*）和 *PuHSFA4a* 抑制表达大青杨转基因株系（*PuHSFA4a-SRDX*）。

3.2.2 实验结果和分析

3.2.2.1 *PuHSFA4a* 基因的克隆及结构分析

1. *PuHSFA4a* 基因克隆

根据毛果杨中 *PtrHSFA4a* 基因序列设计引物，在大青杨中进行 PCR，实验结果跑电泳后 PCR 产物条带大小与毛果杨中条带大小相同，长度在 1221bp 左右，初步说明 PCR 结果正确，可进行下一步实验。将 PCR 产物进行纯化，连接到 T 载体上，用重组质粒转化大肠杆菌，涂布于加氨苄（Amp）的选择平板上。随机挑出阳性菌落 3 个，用菌液进行 PCR 检验，如图 3-8 所示，并送去测序。

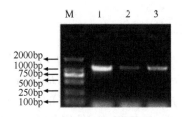

图 3-8 PCR 电泳

M. DL2000 DNA marker；1～3. *PuHSFA4a* 重组载体的 PCR 产物

大青杨中测序成功的 *PuHSFA4a* 核苷酸序列（5′-3′）如图 3-9 所示，大青杨 PuHSFA4a 氨基酸序列如图 3-10 所示。

>*PuHSFA4a*

ATGGATGAATCACAGGGCACTTCGAATTCGCTACCGCCTTTTCTTGCAAAGGCATATGAGATGGTGGATG
ATCCTTCCTCGGATTCAATTGTTTCATGGAGTCAGAACAATAAGAGTTTTGTTGTATGGAATCCACCGGAG
TTTGCCAGGGACTTGCTGCCCAGATTTTTTAAGCATAATAACTTCTCTAGCTTCATCAGACAGCTCAATAC
TTATGGTTTTAGGAAAATTGATCCCGAGCAATGGGAATTCGCCAATGAGGATTTTATTAGAGGTCAGCCAC
ATCTAATGAAGAACATCCATAGACGGAAGCCAGTTCATAGCCATTCGATGCAGAATCTTCAAGGACAAGG
GTCGAGTCTGCTAACTGATTCTGAAAGACAGAGTATGAAGGATGATATAGAGAAGCTTAAACGTGATAAA
CAAGCACTTATTTTGGAGTTACAAAAGCAGGAACAAGAGCGGAAAGGATTTGAGATGCAAATCGAGGGT
TTGAAGGAGAAGTTACAACAAACGGAATGCATGCAGCAAACTATAGTGTCTTTTGTGGCTCGAGTGTTG
CCGAAACCAGGTCTTGCATTAAATATAATGCCACAATTGGAAGGTCGCGATAGAAAACGGAGGCTGCCTA
GAATTGGTTATCTATACAGTGAAGCCTCTAATGAGGATAACCAAATGGTGACTTCCCAAGCTCTGTCTCGA
GAAAATGCAGACAGTAATTCTGTTGCCCTGTTAAACATGGAGCAGTTTGAGCAGTTGGAATCATCCCTTA
CATTTTGGGAGAATATGGTACATGATATTGGTCAAACCTACACCTATAACAATTCAACGATAGAGATGGAT
GACTCTACAAGTGGTGCACAAAGTCCAGCTATATCTTGTGTGCATCTGAATGTTGATTTTCGTCCCAAATC
ACCTGGTATTGACATGAATTCTGAGCCCTCTGCAGCTGTTGCACCAGAGCCTGTTTCACCGAAGGAACA
ACCAGCCGGGACTGCTCCCACTGTGGCCACTGGAGTCAATGATGTCTTCTGGGAGCAGTTTTTAACTGA
GAATCCTGGTTCAACCAACGCACAGGAAGTTCAATCTGAAAGAAAGGATTCTGATGGTAGAAAAGGTGA
AATAAAGCCTGTTGATCCCGGAAAATTTTGGTGGAATATGAGGAATGTAAATAATCTTACAGAACAGATG
GGGCATCTTACTCCTGCTGAAAGAACTTGA

图 3-9 大青杨 *PuHSFA4a* 核苷酸序列

>PuHSFA4a

MDEVQGGASSLPPFLSKTYDMVDDASTDSIVSWSASNKSFIVWNPPEFARDL
LPKFFKHNNFSSFIRQLNTYGFRKIDPEQWEFANDDFIRGQPHLMKNIHRRKP
VHSHSLQNLQVQGNGTSLSESERQSMKDEIERLKHEKERLGVELQRHEQERQ
GLELQIQFLKERLQHMERQQQTMAGFVARVLQKPGIASNPVPQLEIHGRKRR
LPRIGWSYDEASNGNNQVASSQAGIRENADMEKLEQLESFLTFWEDTIFDVG
ETHIQVVSNVELDESTSCVESAVISSIQLNVDAQPKSPGIDMNSEPDVVVAPEP
AAAVPPEPTSSKEQTSGITASAPTGVNDVFWEHFLTENPGSVEAQEVQLEKRD
SDGRKNESKPADHGKLWWNMRNVNNLTEQMGHLTPVEKT

图 3-10 大青杨 PuHSFA4a 氨基酸序列

2. PuHSFA4a 氨基酸结构

通过查阅先前的研究，找到了功能明确的 *PuHSFA4a* 同源基因：*Arabidopsis thaliana* 的 *AtHSFA4a*、*Triticum aestivum* 的 *TaHSFA4a*、*Oryza sativa* 的 *OsHSFA4a*、*Brassica napus* 的 *BnHSFA4a*、*Medicago sativa* 的 *MsHSFA4a* 和 *Chrysanthemum* 的 *CmHSFA4a*。多序列比对分析，PuHSFA4a 的氨基酸结构如图 3-11 所示，PuHSFA4a 是一个典型的 A 类 HSF，由 6 部分组成，包括 DNA 结合区（DBD）、疏水的寡聚化区（HR-A/B）、核定位区（NLS）、核输出区（NES）、转录自激活区 AHA1 和 AHA2。

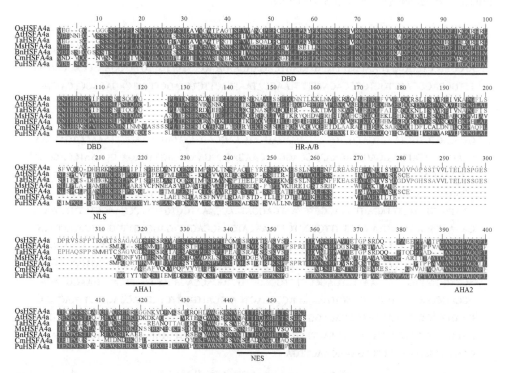

图 3-11　PuHSFA4a、AtHSFA4a、BnHSFA4a、MsHSFA4a、CmHSFA4a、OsHSFA4a 和 TaHSFA4a 氨基酸序列（彩图请扫封底二维码）

DBD、HR-A/B、NLS、AHA1、AHA2 和 NES 结构域用黑色横线标注；比对上的序列有阴影，没有比对上的序列标各种颜色

3. PuHSFA4a 转录激活结构域的研究

结构分析发现，PuHSFA4a 蛋白包括 6 个结构域，分别对 PuHSFA4a 的全长及 6 个结构域进行酵母自激活实验，检测转录因子是否有转录自激活的能力。结果如图 3-12 所示：在酵母菌色氨酸合成缺陷型（SD/–Trp）培养基中所有的酵母

都能生长，在缺陷型培养基和加 5-溴-4-氯-3-吲哚-a-D-半乳糖苷（X-a-Gal）的培养基上，阴性对照 pGBKT7 空载体转入酵母后其不能生长或者菌斑变蓝，说明没有污染，体系健全。而将全长 PuHSFA4a 转入酵母后其能生长或者菌落变蓝，说明这个转录因子有转录自激活能力，之后将各个结构域分别转入酵母中发现，只有含转录自激活区 AHA1 结构域的酵母能够生长出菌落或者菌落变蓝，说明 PuHSFA4a 的转录自激活功能主要是通过 AHA1（214～278 个氨基酸）结构域发挥作用的。

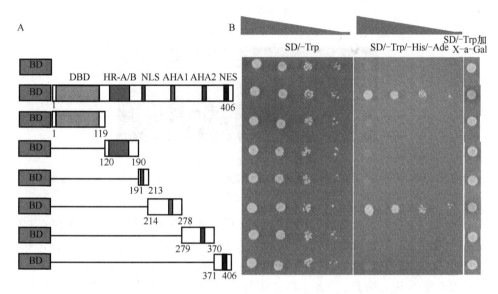

图 3-12　PuHSFA4a 的转录自激活活性（彩图请扫封底二维码）

PuHSFA4a 全长与 GAL4 的 DBD 区域融合起来转入 AH109 酵母中，在 SD/–Trp/–His/–Ade 平板上筛选阳性克隆酵母，pGBKT7 空载体作为阴性对照，LacZ 活性通过 SD/–Trp 加 X-a-Gal 平板检测；A. *PuHSFA4a* 基因片段图；B. 酵母转录自激活图

3.2.2.2　*PuHSFA4a* 过表达和抑制表达载体的构建及转基因检测

第一，*PuHSFA4a* 基因测序正确的菌落提取质粒，同时构建过表达和抑制表达载体，用含酶切位点的引物 PuHSFA4a-2F 和 PuHSFA4a-2R 进行 PCR，同时用 PuHSFA4a-3F 和 PuHSFA4a-3R 进行 PCR，纯化 PCR 产物，用 *Xba*I 和 *Sal*I 双酶切之后连接到 pBI121-*GFP* 载体上，转入大肠杆菌中进行 PCR 检测，如图 3-13 所示，可见 1～10 泳道 PCR 检测结果正常，说明目的片段已经连接到 pBI121 载体上，*PuHSFA4a* 过表达和抑制表达载体成功构建。

第二，提取质粒转入农杆菌中，挑取单克隆进行 PCR 检测，如图 3-14 所示，存菌。

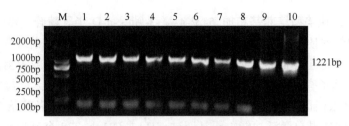

图 3-13　大肠杆菌 PCR 检测

M. DL2000 DNA marker；1～5. pBI121-*PuHSFA4a-GFP* 过表达载体 PCR 结果；6～10. pBI121-*PuHSFA4a-SRDX-GFP* 抑制表达载体 PCR 结果

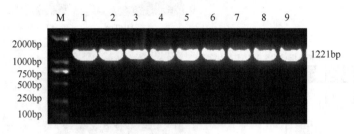

图 3-14　农杆菌 PCR 检测

M. DL2000 DNA marker；1～4. pBI121-*PuHSFA4a-GFP* 过表达载体 PCR 结果；5～9. pBI121-*PuHSFA4a-SRDX-GFP* 抑制表达载体 PCR 结果

　　第三，将生长状态良好的继代培养 3 周的野生型大青杨用 *PuHSFA4a* 过表达和抑制表达的农杆菌进行遗传转化，在 WPM 分化筛选培养基上培养，40d 左右后，大青杨的叶柄伤口处逐渐出现抗性愈伤，将抗性愈伤继续置于 WPM 分化筛选培养基上培养，当各个转基因株系刚分化出芽时转入 1/2WPM 分化筛选培养基，一个月后转入 1/10WPM 分化筛选培养基中，等苗长到具有 3～4 片叶子时转入 1/2MS 生根培养基中，获得 *PuHSFA4a* 过表达和抑制表达转基因株系（图 3-15）。

　　第四，随机挑选 *PuHSFA4a* 过表达转基因株系分别提取 DNA 和 RNA，分别在基因组水平和转录组水平上对转基因株系进行检测。DNA 水平的 PCR 结果见图 3-16，目的片段的长度是 *PuHSFA4a* 基因加上 *GFP* 基因的长度，大概在 1941bp。RNA 水平的 qPCR 结果见图 3-17，15 个大青杨 *PuHSFA4a* 过表达转基因株系中 *PuHSFA4a* 基因的表达量均高于野生型大青杨。

　　第五，提取 *PuHSFA4a* 抑制表达转基因株系的 DNA 和 RNA，进行分子检测。DNA 水平上，利用依据部分 *PuHSFA4a* 基因加 EAR 抑制域（the EAR-repression domain，SRDX）基因全长加部分 *GFP* 基因设计的引物进行 PCR，结果见图 3-18。RNA 水平的 qPCR 检测结果见图 3-19，10 个大青杨 *PuHSFA4a* 抑制表达转基因株系中 *PuHSFA4a* 基因的表达量均高于野生型大青杨，说明转基因后 *PuHSFA4a* 和 *SRDX* 基因的融合体得到了超表达，共获得了 10 个 *PuHSFA4a* 抑制表达转基因

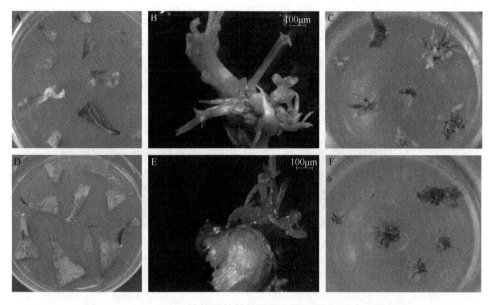

图 3-15 *PuHSFA4a* 转基因植株的获得（彩图请扫封底二维码）

A. *PuHSFA4a* 过表达株系筛选培养；B. *PuHSFA4a* 过表达抗性愈伤；C. *PuHSFA4a* 过表达丛生芽的抗性筛选；

D. *PuHSFA4a* 抑制表达株系筛选培养；E. *PuHSFA4a* 抑制表达抗性愈伤；F. *PuHSFA4a* 抑制表达不定芽的产生

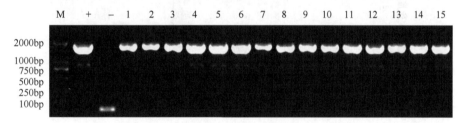

图 3-16 *PuHSFA4a* 过表达转基因株系 DNA 水平的检测

M. DL2000 DNA marker；+. pBI121-*PuHSFA4a*-*GFP* 重组质粒；−. 野生型大青杨；1～15. *PuHSFA4a* 过表达转基因
株系

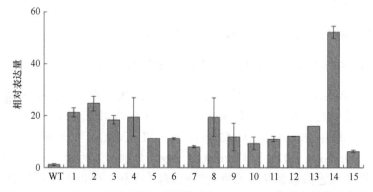

图 3-17 WT 和 15 个过表达转基因株系中 *PuHSFA4a* 基因表达量的分析

株系。这种抑制基因表达的方法称为嵌合阻遏基因沉默技术，在 *PuHSFAa* 基因的 C 端加一段 *SRDX* 基因抑制序列，过表达后，产物与体内没有加 *SRDX* 基因抑制序列的正常转录因子竞争性地与靶基因启动子结合，导致正常的转录因子与靶基因启动子的结合力减弱，从而导致正常转录因子及与其有相同功能的蛋白丧失功能，从而达到基因敲除的效果。

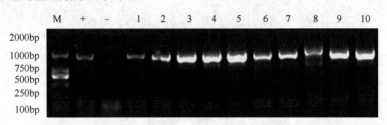

图 3-18　*PuHSFA4a* 抑制表达转基因株系 DNA 水平的检测

M. DL2000 DNA marker；+. pBI121-*PuHSFA4a-SRDX-GFP* 重组质粒；–. 野生型大青杨 WT；1～10. *PuHSFA4a* 抑制表达转基因株系

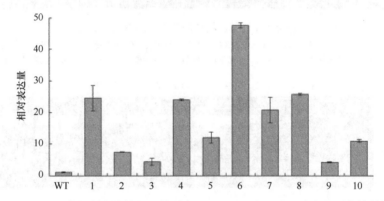

图 3-19　WT 和 10 个抑制表达转基因株系中 *PuHSFA4a* 和 *SRDX* 融合基因表达量的分析

第六，将获得的每个过表达和抑制表达大青杨转基因株系扩繁，部分苗进行组培，部分苗种入土中。

3.2.2.3　组培苗的表型观察及生理生化指标测定

1. 过表达 *PuHSFA4a* 基因提高了大青杨的抗高锌能力

为研究 PuHSFA4a 转录因子的功能，对继代培养一周的生长状态一致的 *PuHSFA4a* 过表达、抑制表达转基因株系和 WT 组培苗进行各种非生物胁迫：1.2mmol/L $ZnSO_4$、80μmol/L $CdCl_2$、100μmol/L $CuSO_4$、1.0mmol/L $FeSO_4$、6% PEG6000、30μmol/L ABA 和 150mmol/L NaCl 分别胁迫两周，所有的 *PuHSFA4a* 过表达和抑制表达株系都经历了胁迫，分别有 4 个和 4 个以上株系有相同的表型，分别选取有表型而且表达量较高的两个株系展现出来，如图 3-20 所示：未经胁迫

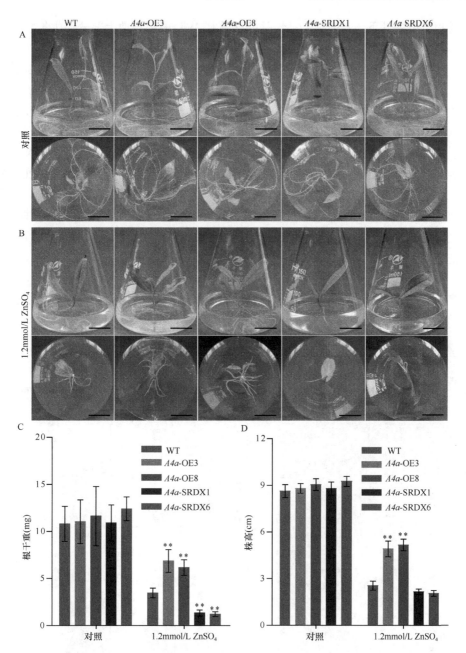

图 3-20 高锌胁迫前后 *PuHSFA4a* 过表达（*A4a*-OE3 和 *A4a*-OE8）、抑制表达（*A4a*-SRDX1 和
A4a-SRDX6）和野生型大青杨株系表型观察及相关指标（彩图请扫封底二维码）

A. 正常条件下野生型和 *PuHSFA4a* 转基因大青杨植株的地上部分与根部生长状态，标尺=2cm；B. 高锌胁迫下野
生型和 *PuHSFA4a* 转基因大青杨植株的地上部分与根部生长状态，标尺=2cm；C. 高锌胁迫前后 *PuHSFA4a* 转基因
和野生型大青杨的根干重；D. 高锌胁迫前后 *PuHSFA4a* 转基因和野生型大青杨的株高；以 WT 苗为对照，进行 *t*
检验，**表示 *P* < 0.01

处理和胁迫条件下，*PuHSFA4a* 转基因株系和 WT 根部与地上部分的生长状态差别不显著（图 3-20A）。在 CdCl₂、CuSO₄、FeSO₄、PEG6000、ABA 和 NaCl 胁迫下，转基因株系和 WT 的生长状态都受到抑制，但是没有太大的区别（图 3-21）。在高锌胁迫下，转基因株系和野生型大青杨生长都受到抑制，但是 *PuHSFA4a* 过表达转基因株系（*A4a*-OE3 和 *A4a*-OE8）根系比野生型根系发达，根长比较长，干重比较大（图 3-20B 和 C），同时 *A4a*-OE3 和 *A4a*-OE8 的株高极显著高于 WT（图 3-20B 和 D）。相反 *PuHSFA4a* 抑制表达转基因株系（*A4a*-SRDX1 和 *A4a*-SRDX6）比野生型大青杨的根系生长缓慢，根系的生物量最小（图 3-20B 和 C），但是与 WT 相比较株高没有太大的变化（图 3-20B 和 D）。结果表明：在高锌胁迫下，*PuHSFA4a* 过表达后促进了根部的生长，而当这个基因的表达被抑制后根部生长受到的抑制更明显。PuHSFA4a 在大青杨抗高锌中发挥着重要的作用，但是 PuHSFA4a 如何提高大青杨的抗高锌能力，还需要更深入的研究。

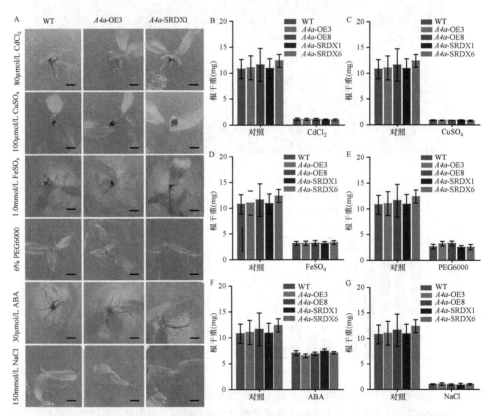

图 3-21　CdCl₂、CuSO₄、FeSO₄、PEG6000、ABA 和 NaCl 分别胁迫 2 周后 *PuHSFA4a* 过表达、抑制表达和野生型大青杨株系表型观察及相关指标（彩图请扫封底二维码）

A. 各种非生物胁迫下转基因大青杨植株的抗逆能力分析，标尺=0.5cm；B～G. 各种非生物胁迫后 *PuHSFA4a* 转基因和野生型大青杨的根干重

2. 电导率和丙二醛分析

当植物遭受胁迫时，可以通过电导率来判断膜受损程度（Dai et al.，2018）。实验结果如图 3-22A 所示：在正常生长条件下，*PuHSFA4a* 转基因和 WT 大青杨的根部电导率差别不显著。在高锌胁迫下，*PuHSFA4a* 转基因和野生型大青杨根部的电导率都有所上升，但是 *PuHSFA4a* 过表达转基因大青杨根部的电导率略有上升，与 WT 相比差异极显著，而 *PuHSFA4a* 抑制表达转基因大青杨根部的电导率与 WT 相比差异显著。说明高锌胁迫后，*PuHSFA4a* 过表达降低了细胞膜受损程度，当抑制该基因表达时，增加了细胞膜受损程度。

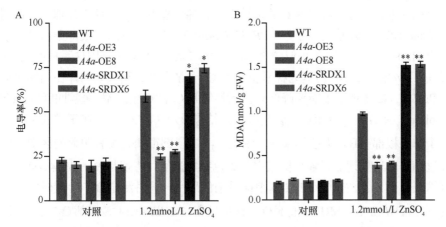

图 3-22 高锌胁迫前后 *PuHSFA4a* 过表达（*A4a*-OE3 和 *A4a*-OE8）、抑制表达（*A4a*-SRDX1 和 *A4a*-SRDX6）和野生型大青杨株系根部电导率（A）与丙二醛含量（B）（彩图请扫封底二维码）
以 WT 苗为对照，进行 t 检验，*表示 $P < 0.05$，**表示 $P < 0.01$，下同

在重金属胁迫下，植物的细胞产生大量活性氧，使细胞膜发生过氧化，丙二醛（malondialdehyde，MDA）就是脂质过氧化的最终分解产物，其含量是一种间接衡量细胞内氧化损伤程度的指标（Saitou and Nei，1987）。实验结果如图 3-22B 所示：在正常生长条件下，*PuHSFA4a* 转基因和野生型大青杨的根部 MDA 含量差别不显著；在高锌胁迫下，*PuHSFA4a* 转基因和野生型大青杨根部的 MDA 含量都上升，但是 *PuHSFA4a* 过表达转基因大青杨根部的 MDA 含量略有上升，与野生型相比差异极显著，而 *PuHSFA4a* 抑制表达转基因大青杨根部的 MDA 含量与野生型相比差异极显著。说明高锌胁迫后，*PuHSFA4a* 过表达降低了细胞内氧化损伤程度，当抑制该基因表达时，增加了细胞内氧化损伤程度。

通过电导率和 MDA 含量的测定，初步断定了 PuHSFA4a 转录因子能够提高植物的抗高锌能力，部分是通过降低细胞内氧化损伤程度和降低细胞膜受损程度来提高的。

3. DAB 和 NBT 染色、H₂O₂ 和 O₂·⁻ 含量分析

在没有胁迫的条件下，植物体内活性氧产生与清除处于平衡状态，植物的生长不会受到影响，但是当植物受到胁迫后，这种平衡会被破坏，植物产生的活性氧会增加，其中具有代表性的活性氧是 H_2O_2 和 $O_2^{\cdot-}$。在胁迫条件下，H_2O_2 和 $O_2^{\cdot-}$ 含量越高代表细胞的受损程度越高，最终会导致细胞死亡，所以说这两类活性氧的含量可以作为反映植物抗逆能力的指标。H_2O_2 主要是通过二甲基联苯胺（diaminobenzidine，DAB）染色及含量的测定来定量的，结果如图 3-23 所示，在正常条件下生长的各个株系根部 DAB 染色都很浅，而且测定的 H_2O_2 含量都很低且没有明显的区别，但是在经过高锌胁迫处理后，各个株系根部染色都加深了，特别是 *PuHSFA4a*-SRDX 转基因株系，而 *PuHSFA4a*-OE 转基因株系的根部染色最浅，同时测定 H_2O_2 含量时发现了相似的规律，*PuHSFA4a*-SRDX 转基因株系根部 H_2O_2 含量最高，*PuHSFA4a*-OE 转基因株系根部 H_2O_2 含量最低。结果说明，在高锌胁迫处理下 PuHSFA4a 转录因子能够降低体内活性氧 H_2O_2 的产生速率。氮蓝四唑（nitroblue tetrazolium，NBT）染色和 $O_2^{\cdot-}$ 含量测定的结果显示（图 3-24），在正常条件下生长的各个株系根部 NBT 染色都很浅，说明 $O_2^{\cdot-}$ 含量都很低且没有明显的区别，但是在经过高锌胁迫处理后，各个株系根部染色都加深了，特别是 *PuHSFA4a*-SRDX 转基因株系，而 *PuHSFA4a*-OE 转基因株系染色最浅，同时测定 $O_2^{\cdot-}$ 含量时发现了相似的规律，*PuHSFA4a*-SRDX 根部 $O_2^{\cdot-}$ 含量最高，*PuHSFA4a*-OE 根部 $O_2^{\cdot-}$ 含量最低。结果说明，在高锌胁迫处理下 PuHSFA4a 转录因子降低了体内活性氧 $O_2^{\cdot-}$ 的含量。

3.2.2.4　土培苗的表型观察及生理指标测定

为了进一步验证上述结果，用 5mmol/L 的 $ZnSO_4$ 溶液灌溉培养 2 个月的状态一致的土培苗。一个月后，没有经历胁迫的土培苗之间生长状态没有太大的区别（图 3-25）。

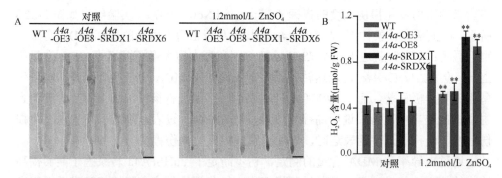

图 3-23　高锌胁迫前后 *PuHSFA4a* 过表达（*A4a*-OE3 和 *A4a*-OE8）、抑制表达（*A4a*-SRDX1 和 *A4a*-SRDX6）和野生型大青杨株系根部活性氧 H_2O_2 定性（A）与定量（B）（标尺=500μm）
（彩图请扫封底二维码）

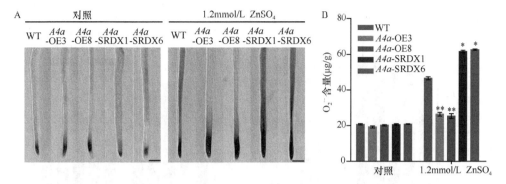

图 3-24　高锌胁迫前后 *PuHSFA4a* 过表达（*A4a*-OE3 和 *A4a*-OE8）、抑制表达（*A4a*-SRDX1 和 *A4a*-SRDX6）和野生型大青杨株系根部活性氧 $O_2^{\cdot-}$ 定性与定量（标尺=500 μm）（彩图请扫封底二维码）

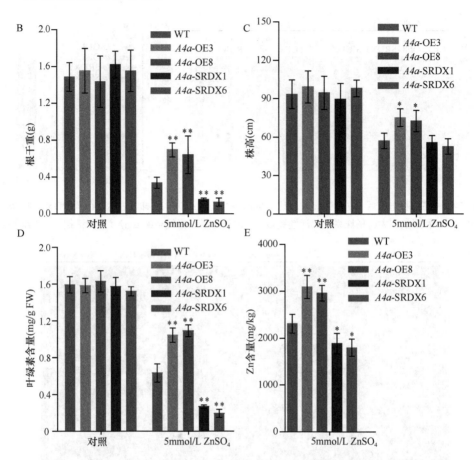

图 3-25 *PuHSFA4a* 转基因和 WT 大青杨土培苗高锌胁迫前后表型观察及相关指标
（彩图请扫封底二维码）

A. 5mmol/L 的 ZnSO₄ 灌溉后 *PuHSFA4a* 转基因和 WT 大青杨表型观察，黑色和白色标尺=5cm；B～D. 高锌胁迫前后 *PuHSFA4a* 转基因和 WT 大青杨根干重、株高和叶绿素含量测定；E. 高锌胁迫后 *PuHSFA4a* 转基因和 WT 大青杨根部锌含量

高锌胁迫后，转基因和野生型大青杨有很明显的区别，如图 3-25A 所示：*PuHSFA4a* 过表达转基因株系比野生型株系根部生长良好，并且地上部分生长比较好，同时发现当 *PuHSFA4a* 基因被抑制的时候根部生物量比野生型小，并且地上部分比野生型矮小。取每个株系相同位置的叶片进行叶绿素含量测定，结果如图 3-25D 所示，正常条件下的各个株系叶绿素含量无差别，在高锌处理后叶绿素含量在所有株系中都降低：*PuHSFA4a* 过表达转基因株系的叶绿素含量比 WT 高，*PuHSFA4a* 基因被抑制表达的时候叶绿素含量比 WT 低。通过测定高锌胁迫后 *PuHSFA4a* 转基因株系与 WT 根部锌含量（图 3-25E），发现 5mmol/L ZnSO₄ 处理后 *PuHSFA4a* 过表达转基因株系根部含量在 3000mg/kg 左右，明显高于 WT 和 *PuHSFA4a* 抑制表达转基因株

系，当抑制该基因后根部锌含量显著低于 WT。说明在大青杨中过表达 *PuHSFA4a*
基因后不仅能够提高植物的抗高锌能力，而且能够提高根部的锌含量。

3.2.3　小结

从大青杨中克隆出了 *PuHSFA4a* 基因，全长为 1221bp，可编码 406 个氨基酸，
与毛果杨中的 *HSFA4a* 基因只有 5 个碱基不同。对其结构进行了分析，发现
PuHSFA4a 的氨基酸结构分为 6 部分：DNA 结合区（DBD）、疏水的寡聚化区
（HR-A/B）、核定位区（NLS）、核输出区（NES）、转录自激活区 AHA1 和 AHA2。
通过转录自激活实验验证了 PuHSFA4a 全长只有 214～278 个氨基酸，结构域具有
转录自激活功能，更确切地证实了 PuHSFA4a 是一个转录因子。

构建 *PuHSFA4a* 过表达和抑制表达载体，通过叶盘法转入大青杨中获得了 15
个 *PuHSFA4a* 过表达和 10 个 *PuHSFA4a* 抑制表达转基因株系。对 *PuHSFA4a* 转基
因和野生型大青杨用 1.2mmol/L $ZnSO_4$、80μmol/L $CdCl_2$、100μmol/L $CuSO_4$、
1.0mmol/L $FeSO_4$、6% PEG6000、30μmol/L ABA 和 150mmol/L NaCl 分别胁迫两
周后，发现只有在高锌胁迫下，*PuHSFA4a* 过表达才能提高植物的抗逆能力，表
现为根部更健壮。当抑制 *PuHSFA4a* 基因的表达后，植物对高锌胁迫更敏感，根
部生长量更小。于是进行进一步研究，状态相同的 *PuHSFA4a* 转基因和野生型大
青杨的苗先在生长培养基中生长一周，之后高锌胁迫两周取其根部检测各种生理
指标。在高锌胁迫下，*PuHSFA4a* 过表达能够降低植物根部受伤害时引起的细胞
膜受损程度（EL）、膜脂过氧化程度（MDA）和产生的活性氧（H_2O_2 和 $O_2^{·-}$），
而当抑制 *PuHSFA4a* 基因表达时，植物体内的 EL 及 MDA、H_2O_2 和 $O_2^{·-}$ 含量都比
WT 高很多。结果表明：在高锌胁迫后，过表达 *PuHSFA4a* 基因提高了植物的抗
逆能力，可能是通过降低体内活性氧来减少细胞受到的损伤。将这些苗种入土中
进行胁迫，表现出相同的变化。通过测定大青杨根部的锌含量发现，PuHSFA4a
转录因子不仅提高了大青杨抗高锌的能力，而且提高了植物根部对锌离子的积累。
上述生理生化指标揭示了，大青杨 PuHSFA4a 转录因子通过降低细胞膜受损程度
和减少体内活性氧产生来提高植物的抗高锌能力。但是植物通过怎样的分子机制
来调控这个过程还需要进一步的研究。

3.3　大青杨 PuHSFA4a 调控下游基因表达的分析

3.3.1　实验材料

野生型大青杨（WT）及转基因株系。

3.3.2 实验结果和分析

3.3.2.1 转录组结果评估

1. mRNA 片段化随机性检验

将测序结果与毛果杨基因组进行序列比对，样品具体编号是 T01、T02 和 T03 代表高锌胁迫 0d 的大青杨野生型根部；T04、T05 和 T06 代表高锌胁迫 0d 的大青杨 *PuHSFA4a*-OE 根部；T07、T08 和 T09 代表高锌胁迫两周的大青杨野生型根部；T10、T11 和 T12 代表高锌胁迫两周的大青杨 *PuHSFA4a*-OE 根部。

根据比对结果计算，每个样品的读数占参考基因组的比例在 67.85%～69.25%（表 3-1）。

表 3-1 样品测序数据与所选参考基因组的序列比对结果统计表

样品编号	总短序列	比对序列	唯一序列比对	多重序列比对	序列比对到 "+"	序列比对到 "-"
T01	63 045 680	43 434 351 (68.89%)	37 678 558 (59.76%)	5 755 793 (9.13%)	19 589 363 (31.07%)	19 544 436 (31.00%)
T02	57 774 748	39 199 430 (67.85%)	35 747 213 (61.87%)	3 452 217 (5.98%)	18 436 838 (31.91%)	18 398 870 (31.85%)
T03	53 279 562	36 311 176 (68.15%)	31 018 549 (58.22%)	5 292 627 (9.93%)	16 254 652 (30.51%)	16 227 126 (30.46%)
T04	55 806 086	38 110 950 (68.29%)	33 023 266 (59.18%)	5 087 684 (9.12%)	17 191 490 (30.81%)	17 162 845 (30.75%)
T05	55 968 064	38 285 845 (68.41%)	33 332 155 (59.56%)	4 953 690 (8.85%)	17 305 999 (30.92%)	17 271 318 (30.86%)
T06	48 583 738	33 056 172 (68.04%)	28 118 344 (57.88%)	4 937 828 (10.16%)	14 663 477 (30.18%)	14 643 460 (30.14%)
T07	62 339 200	42 400 711 (68.02%)	37 893 283 (60.79%)	4 507 428 (7.23%)	19 621 517 (31.48%)	19 599 638 (31.44%)
T08	52 406 430	35 602 299 (67.93%)	30 100 483 (57.44%)	5 501 816 (10.50%)	15 774 241 (30.10%)	15 758 287 (30.07%)
T09	63 927 550	44 269 725 (69.25%)	37 497 230 (58.66%)	6 772 495 (10.59%)	19 938 647 (31.19%)	19 888 898 (31.11%)
T10	54 479 236	37 213 361 (68.31%)	32 881 662 (60.36%)	4 331 699 (7.95%)	17 021 264 (31.24%)	16 998 747 (31.20%)
T11	59 760 082	41 176 856 (68.90%)	35 314 418 (59.09%)	5 862 438 (9.81%)	18 514 971 (30.98%)	18 490 702 (30.94%)
T12	60 695 284	41 766 530 (68.81%)	35 448 593 (58.40%)	6 317 937 (10.41%)	18 598 781 (30.64%)	18 566 832 (30.59%)

注：括号内数据代表样品读数与毛果杨基因组比对上的比例

2. 插入片段长度检验

插入片段长度的离散程度能直接反映出文库制备过程中磁珠纯化的效果。各样品的插入片段长度模拟分布如图 3-26 所示，可见形成 1 个主峰。

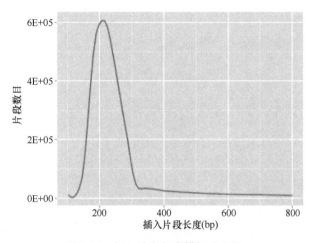

图 3-26　插入片段长度模拟分布图

横坐标为双端测序短序列在参考基因组上比对起止点之间的距离，范围为 0～800bp；纵坐标为比对起止点之间不同距离的双端测序短序列或插入片段数量

3. 转录组测序数据饱和度检验

为了评估所得数据是否足够满足后续分析需求，对通过测序获得的基因数量进行饱和度检验。随着测序数据量的增加，不同表达水平的基因数量趋于饱和（图 3-27）。

3.3.2.2　差异基因分析及 GO 分析

以野生型大青杨 cDNA 为对照组，*PuHSFA4a* 过表达大青杨 cDNA 为实验组，分别在没有胁迫和高锌胁迫 14d 后进行差异基因（DEG）分析[P 值（P value）< 0.01]，在没有胁迫的时候共获得 17 个差异基因，其中有 14 个基因上调表达，3 个基因下调表达。在高锌胁迫后获得了 19 个差异基因，其中有 14 个基因上调表达，5 个基因下调表达（图 3-28）。

将 *PuHSFA4a*-OE 转基因株系与 WT 的所有 33 个差异基因进行功能注释（gene ontology，GO），主要分为三大类（图 3-29），分别是生物过程（biological process）、细胞组分（cell component）和分子功能（molecular function）。对其分析得到，这些基因与细胞的缺氧反应、单羧酸的生物合成和侧根的形成相关。其中研究得比较多并且和胁迫相关的基因如下：*PuNek6*（NIMA-related kinase 6）在其他植物中的同源基因在植物的生长和抗逆过程中扮演着很重要的角色（Zhang et al., 2011）。

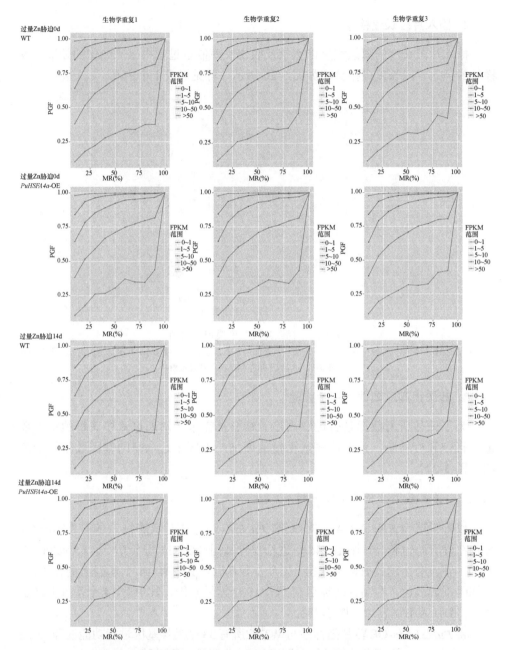

图 3-27　转录组数据饱和度模拟图（彩图请扫封底二维码）

PGF. 部分片段与全部片段的基因表达量差距小于 15% 的基因百分比；MR. 定位到基因组上的片段数比例；
FPKM. 每千个碱基转录百万映射读取的片段

PuPOD 属于过氧化物酶（peroxidase，POD）基因家族，其在其他植物中的同源基因能够在抗逆过程中消除过量的活性氧（Kawano，2003；Passardi et al.，2004）。

PuPIF3（phytochrome-interacting factor 3）在其他植物中的同源基因参与植物初生根的生长（Bai et al.，2014）。马铃薯糖蛋白型磷脂酶基因 *PuPLA₁* 和 *PuPLA₂* 在其他植物中的同源基因在植物受到生物与非生物胁迫后能够促进根的生长（Narusaka et al.，2003；Rietz et al.，2010）。*PuGSTU17*（glutathione *S*-transferase U17）在其他植物中的同源基因能够通过促进谷胱甘肽消除活性氧来解毒。

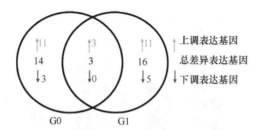

图 3-28　韦恩图展示高锌胁迫前（G0）和后（G1）*PuHSFA4a* 过表达与野生型大青杨的差异基因分析

G0 是胁迫前 *PuHSFA4a*-OE 转基因株系和 WT 的差异基因分析；G1 是高锌胁迫后 *PuHSFA4a*-OE 转基因株系和 WT 的差异基因分析；图 3-31 同

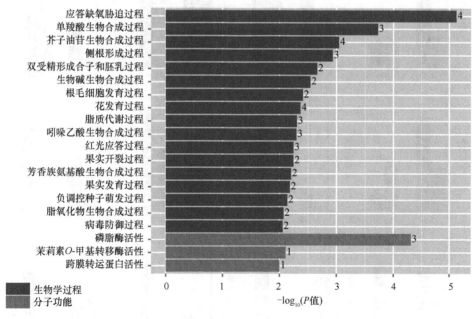

图 3-29　*PuHSFA4a* 过表达和野生型大青杨中差异基因（DEG）的 GO 分析

柱旁数字为基因个数

3.3.2.3　实时荧光定量 PCR 验证转录组测序结果

为了验证大青杨转录组测序结果，在差异基因中挑取了 16 个根生长和胁迫相关基因，针对其非保守区域设计引物进行实时荧光定量 PCR，之后与转录组测序结果进行对比，结果见图 3-30，其中展现出的实时荧光定量 PCR 结果与转录组测序结果几乎完全一致。

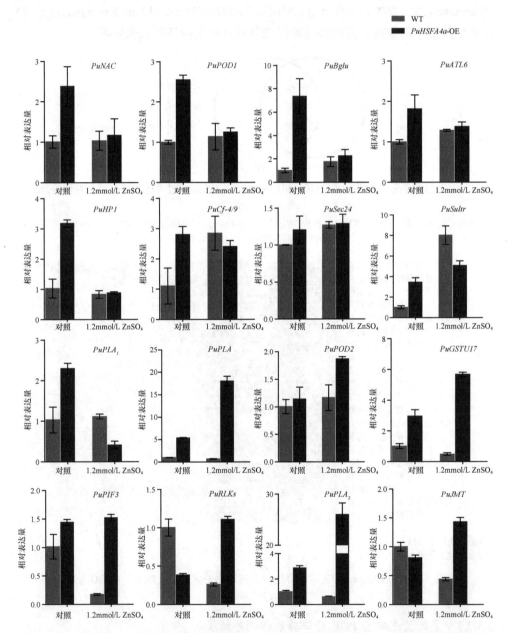

图 3-30 正常条件和高锌胁迫下通过实时荧光定量 PCR 验证 WT 和 *PuHSFA4a* 过表达株系之间的差异基因

3.3.3 小结

本研究使用转录组测序技术来研究 *PuHSFA4a* 调控的下游基因。通过 *PuHSFA4a* 过表达与野生型大青杨的差异基因分析，展现出 *PuHSFA4a* 调控的下游基因，包括一系列和非生物胁迫及根生长相关的基因。在基因功能注释中，与细胞的缺氧反应、单羧酸的生物合成和侧根的形成相关的基因都显著富集。重点分析了直接和胁迫或者根生长相关的基因，这些基因包括：*PuNek6* 在其他植物中的同源基因在植物的生长和抗逆过程中扮演着很重要的角色（Cloutier et al.，2005）。*PuPOD* 属于过氧化物酶基因家族，其在其他植物中的同源基因能够促进根生长或者在抗逆过程中发挥很重要的作用（Passardi et al.，2006）。*PuPIF3* 在其他植物中的同源基因参与植物初生根的生长（Bai et al.，2014；Sun et al.，2012）。据报道，马铃薯糖蛋白型磷脂酶（patatin-like protein）基因 *PuPLA₁* 和 *PuPLA₂* 在其他植物中的同源基因能够促进植物根的生长（Holk et al.，2002；Wang et al.，2000）。*PuGSTU17* 在其他植物中的同源基因能够和 ROS 或者不利因素结合而进行解毒或者通过促进谷胱甘肽消除大量活性氧来解毒（Jha et al.，2011）。先前的研究发现，激素能够参与植物的抗逆过程和促进根生长（Saini et al.，2013）。PuHSFA4a 转录因子调控的下游基因中有一些和激素相关，如 *PuJMT*（iasmonate *O*-methyltransferase）基因在其他植物中的同源基因参与茉莉酸的合成，从而参与到根部的生长过程中（Lee et al.，1997）。PuHSFA4a 转录因子调控的这些基因表达与 *PuHSFA4a* 过表达转基因株系在高锌胁迫下的抗逆能力增强有关，所测的植物体内 ROS 含量和膜脂过氧化程度也比野生型的低。本研究为揭示林木抗高锌胁迫的机制提供了分子方面的理论基础，但是 PuHSFA4a 直接通过哪些基因来发挥作用还需要进一步的研究。

3.4 PuHSFA4a 下游靶基因 *PuGSTU17* 和 *PuPLA₂* 的鉴定

3.4.1 实验材料

转基因大青杨、野生型大青杨和野生型大叶烟草来自本实验室。

3.4.2 实验结果和分析

3.4.2.1 PuHSFA4a 下游靶基因启动子的热激元件（heat shock element，HSE）预测

采用数据库对 PuHSFAa 转录因子上调的 16 个基因起始密码子 ATG 上游的

2000bp 序列进行 HSE 元件预测，通过先前的研究了解到 HSF 作用的下游靶基因启动子位点是 HSE，其保守序列为 nnGAAnnTTCnn。利用以上双重标准筛选，最终确定了 14 个下游靶基因有 HSE 元件，针对这 14 个基因启动子的 HSE 元件设计引物，如表 3-2 所示。

表 3-2　ChIP-PCR 和 ChIP-qPCR 的引物

引物名	引物序列（5′-3′）
PuSec24-1F	GCTAGGTCCTTCTTTTGGAAGTA
PuSec24-1R	ATGCAAGCTGCCCCAAGTTA
PuSec24-2F	GCTAGGTCCTTCTTTTGGAA
PuSec24-2R	CTTGACTAACCCGCTCTTGA
PuSec24-3F	TCAATTTCATCCATTATG
PuSec24-3R	CTACGAGGCCAAATCACATCAT
PuSec24-4F	GGTTATTCCGAAAGTGGGATGG
PuSec24-4R	CAACCCGGGATATGAGACGG
PuHP1-1F	TGGCATAATCAAATATTGAAAACT
PuHP1-1R	AACAACTGGGAAGGTGAA
PuBglu-1F	TCAACTTTCGCTGGGCTTCA
PuBglu-1R	AAGCTCTAATTACGACATTG
PuNAC-1F	CAATAGAGATCAAATCT
PuNAC-1R	CTTTTCCCTTATCATT
PuCf-4/9-1F	AGGCCCATCGATTATGACAG
PuCf-4/9-1R	GTTAATTGGAAACAATTCAGACC
PuATL6-1F	AAAAAATTTTTGAGTT
PuATL6-1R	AGAAAACTCTAAGGT
PuSultr-1F	TCGATCACCCTAGTGACT
PuSultr-1R	AATTACGACATTGTCAATAC
PuPOD1-1F	ACGTTCAACACGAGATGATG
PuPOD1-1R	AAACGACTCACCTAGTCAAT
PuPOD1-2F	AGGAAGCAGTCATTAGATAACCTGT
PuPOD1-2R	AGGACTTGGCCAATCTTGTGA
PuPOD1-3F	CCATTTGAAGTTAACCCATAGGCA
PuPOD1-3R	TGGTAGCAAGAGCCAACACAA
PuPIF3-1F	GTTCAATCACATCCCTAAATCTTC
PuPIF3-1R	GGGTGAAATTGAACTTTTGCG
PuPIF3-2F	AAGAAAATGTTTCGTCCAAAACTAA
PuPIF3-2R	GGACCAGTTTCCTTCTCACCT
PuPLA-1F	GATTCATTGAACAAGCAATTGAG

引物名	引物序列（5′-3′）
PuPLA-1R	CATCAAGCTCATAATGCTGCAA
PuPLA-2F	TAAAACAAAACTTTGCAATTAGAT
PuPLA-2R	CCATATTTATTTTAATTGTGCTCGT
PuPOD2-1F	ACAAGGGGAGATGGGTAAGC
PuPOD2-1R	GAGGTTTGGAAGCTAAGACG
PuPLKs-1F	ACCCCCTTTTGTCAAAGCGT
PuPLKs-1R	ACCACACACGCAAGCCATAG
PuPLA₂-1F	ACAGGGTTTGAATTGTGTGATTGAA
PuPLA₂-1R	TTTGCTCCCCTTTTATAGCACTACT
PuPLA₂-2F	ATGTGGCCTTTGTGGGCTCT
PuPLA₂-2R	GGTGTTGGGGGTTTAGGGTT
PuPLA₂-3F	GAAAAGCCATGTTGCAAGCCA
PuPLA₂-3R	GGATAGTCAAACGAAAC
PuPLA₂-4F	ACTAGAATGAACCATCATCCAACTC
PuPLA₂-4R	TGGCTTGCAACATGGCTTTTC
PuGSTU17-1F	TACCCGCAAGGCTGCAATAA
PuGSTU17-1R	TCGATAATATCAAGCCGGACAA
PuGSTU17-2F	TGATGATGATAAAAAAATTC
PuGSTU17-2R	TAAACTAGTTATGATATCCA
PuGSTU17-3F	AAGGACCATTTTAAAGTC
PuGSTU17-3R	TTATCATCATCATTT
PuGSTU17-4F	CCCATTTCAGCCCAGTCCAT
PuGSTU17-4R	GAAAAACACGTGACGGACCC

注：ChIP 为染色质免疫沉淀；qPCR 为定量 PCR

3.4.2.2 ChIP 确定 PuHSFA4a 下游靶基因

为了证明 PuHSFA4a 在体内可以直接结合下游的 14 个基因，进行了染色质免疫沉淀实验，用上面设计的 HSE 引物进行 ChIP-PCR 和 ChIP-qPCR 来鉴定。*PuHSFA4a* 过表达转基因株系高锌胁迫前后取其根部作为原材料，进行染色质免疫沉淀。

1. ChIP-PCR

ChIP-PCR 结果如图 3-31 所示，表明 PuHSFA4a 在大青杨体内可以直接结合 *PuGSTU17* 和 *PuPLA₂* 的启动子 P1 部位。

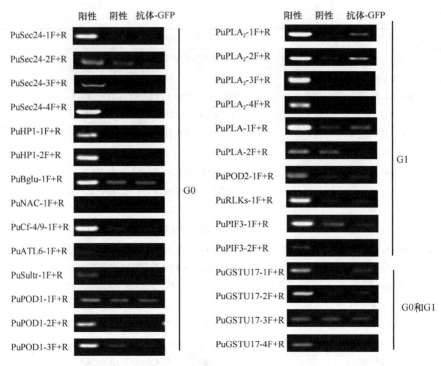

图 3-31　PuHSFA4a 与下游上调靶基因启动子结合的 ChIP-PCR 分析

2. ChIP-qPCR

　　为了更进一步对 ChIP-PCR 结果进行验证，对 PuHSFA4a 调控的下游基因进行染色质免疫沉淀后进行 qPCR 鉴定，结果如图 3-32 所示，表明 PuHSFA4a 在大青杨体内可以直接结合 *PuGSTU17* 和 *PuPLA₂* 的启动子 P1 部位。

3.4.2.3　酵母单杂（Y1H）验证 PuHSFA4a 下游靶基因 *PuGSTU17* 和 *PuPLA₂*

　　为了更进一步验证 PuHSFA4a 调控下游靶基因 *PuGSTU17* 和 *PuPLA₂* 的结论，在大青杨中分别克隆了 *PuGSTU17* 和 *PuPLA₂* 的启动子序列（5'-3'），如图 3-33 和图 3-34 所示。

　　将这两个基因全长启动子构建到 pAbAi 载体上，与 PuHSFA4a 转录因子同时转入酵母中进行酵母单杂交实验。结果表明，在没有添加金担子素 A（Aureobasidin A，AbA）的 SD/–Ura–Leu 培养基上，阴性对照、阳性对照、PuHSFA4a 分别和 PuGSTU17 与 PuPLA₂ 共转化的酵母都可以正常生长；在添加 AbA 的 SD/–Ura–Leu 培养基上，空载体 pAbAi 和 PuHSFA4a 共转化的酵母菌株不能生长（图 3-35），而 PuHSFA4a 分别和 PuGSTU17 与 PuPLA₂ 共转化的酵母能够生长（图 3-35），说明在酵母中 PuHSFA4a 能够结合 *PuGSTU17* 或者 *PuPLA₂* 的启动子。

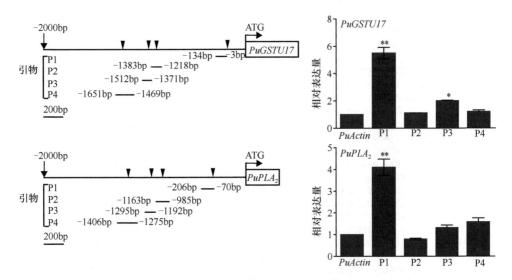

图 3-32 PuHSFA4a 与下游 *PuPLA₂* 和 *PuGSTU17* 基因启动子结合的 ChIP-qPCR 分析

以 *PuActin* 为对照，通过 *t* 检验，*表示 *P* < 0.05，**表示 *P* < 0.01

>*PuGSTU17* 启动子

GGGCCCATTTCAGCCCAGTCCATATGGATGGGCTAGGTCCAACCCATTCTAAAAAAAA
AGGATTGTTGAGCCTTCAGTCAGCCTAACTAGCCGAACAACCCATCCAAAAAATAATA
ATATTAAAAATGATATAAAAAAATTCAAGGACCATTTTAAAGTCATTTGTGGGTCCGTCA
CGTGTTTTTCCAACAATTATGTCTAATATTGGGTTATAGAGTTACACTATAAGATACGAA
CCCAATATAAAAAAATATCTGATTTTTCTCCAAAAAATGATGATGATAAAAAAATTCAAA
AAAAACTTTCATATAAAAAATGTTTTGTTTTCATGTATACAGCCAAATCCTAAAGATTTT
TCATGCATGTTTTCTAAAAATGAAAATCGTATTTTTATCATATTTTAAAAAGTGCAAA
AATGGATATCATAACTAGTTTATGATAATCCATTATAGTTTGGGCAAAATACCAAAAATC
CCACAACAATTATTTTTTTATTTGGAGCTTTAGGATTTAGTTGTAGATTTTAATATTTGAG
AGTATAAAATTATACTATAAAGTATACCTTCAAGTATTAAAGATACAAAATAGAAAATAA
ATACGATGCTAAATCTAGGACTTAGAACGGTTAGGATTTAACCTATAAAGTAAAGACTT
TCTCATGAAGGGAGATCTTTTTTGAACCGTAGATGAGACCAACAGATAAAAACATGAC
CTAGAGAAACAATCAATTAACAATGCAGTTTACCTCAAGTAGGTTGTACTAGGGTTGAT
ATGTCTTTTCCATGTACAACTAGTTCCTTTACCCAGACTCTCGCAAACCATTAGTTTTCT
AGTGACTATAATATTAGGTGGCGACTCTTGAAACTTATAATCATAACTTTATAATTAAACT
CAAAACCTCCTTTTAATTTCAAGAGGCAACTCTGTCATTTGACGTCCTAGATGTCACGA
CATAGATTAAAAACAAATAAAAAAAATAAAGTAAAATAAGACATATTGTATAATTTTCCT
ATTGTTTTATGTATATTTAAGAATTTCATTAAATTTTTAAAGAAAAAAAGATTGGTACCA
AATTCTAACAAAGAATCCATCTAGGTGGGCTGACTAGTTCCAATAAAGATCCATAACGG
TCATTGTCTTGTTTTTTTTATTTGTATGTTTAGAAGTGTGAAAAATATTACATTTTAAAAT
ATTATTTACTTAAAAATATAACAAAATAATATTTTTATTTATTTTTGAAATTTTACTTTTTAT
TTCAATCATAAAAAAAATTAATTTAAAATAAAAAAAAAAATAACAAAACAACAATTCAATC
ATAACACAGCATACGCGTAACAGAGCCTTCAACTGCCTGATGGCAAATGTCAAATTACT
ACGTGGTGAGCTTCTCCACCACTGAATAATTTCATTTTTGCCATTCACTCTCAGTGTGA
ACATTGTAATGCCAGACAGATATATTAGTTCAGTAAAGAGAAATCTCCACCTAATAAATG
CTAAGGCAGCACAACCATGTGTTCCAACTACCCGCAAGGCTGCAATAAATTTTCACAC
CCCACACCAATTCCAAATAAATACGTCCTCCATTGTCATCCTTTCCATATATATTTAAACA
CACACACACTCGAAGAACTTTGT TCG GCTTGATATTATCGATC

图 3-33 *PuGSTU17* 启动子序列

>*PuPLA₂*启动子

```
ATATCTTTTTTTTAAAGTTTTTTTAGTTTAATGTAGGTGTCCGAGCCAGCTTGTACGCATT
TCGACTAATCTCACGGACCCTGAAGTTAACGACCATGTAAGCCTCCAGTGACTATTATA
TGAGTAACCACAAGGCTCGAATATGAAACCACAGAGAAAGCAAATCTCTTTGTCTCAA
ACTCTTATAACTGGACCACCACCTATATTTTTTTTTTATGCTTAATTGATGTTGAAGAAAA
GAAAAGAAAAATAAATGGTCTCCATTGATACTAGAATGAACCATCATCCAACTCTTAAA
AAATACTGGATGTGAAATTTATTAACCCACCATAGTAAGGAAATTAATCATAATAATAATA
TTAAGTAAAAAGAGAAATTAGAAAGCCATGTTGCAAGCCAAGTAATTTTTTTTTTAATA
AAGTTGACTTAGTAGTTTGATTTTAATTAATTAATTAATTTAATATTTGTTTCGTTTGACTA
TCCTTTTAAAGATATGTTAAATATACATTTAATGTGGCCTTTGTGGGCTCTTAAATTAAAC
TTCAAGGCTTTTTGGTCCAATATGCGTCCAGGCTTCCTTCTAATTTTTAGCCCATTCTTG
TGAAGGGCAATAATGAAAATAGTCAAAAAATAAAGGGGTAAACTTGAACAATAAAAA
AGTTCCTTGTAAAACCCTAAACCCCCAACACCTCCGCCTATATAAACCACAGCTAAAAT
CCTTCTCCTCCATCTCTTCACCAAGCCCCTGCAACTCCAATCTCACGTGTCAAGGTGCG
CGCTTTCTCTACACTACTTTCAACCTCTCTCTTTCTTGTTTCACAGTTTGCGCTGCATTT
TCATTCTCTTTTTTATTAATTTTGAACTAATTGATGTAAATCTTTCGTGTTTTGAGTGTTG
AAGAGCACATATCGAAGGCTTGCAGGTGGTTTATTTCAAAAAATCTGTGAGCTCAAAG
CTTGTGCAATATCATAAATCACCCATTAAAAAAAACCCTTTTGACAATATACCTGTTTGCT
TGAGGATTTTTTGTGGGGTGATGCACATTTTTTGATTCATTTGGTATTATTTTTGAAGGTT
ATGTTTTTGTATGGATTTGGGTCTTCGTTTTTATAAGAAATGAATGTTTCTGGATCTGGG
TTTTGCCTGTCTTTATGTTTGATGGCTTTATCTCTTTGGAATTTTATTTTTTTTGGGTTTT
GTAAAGCCAATTTGCAGAGCAAGGGTGTCGAAAATGGCACAACTTGCATTGAAGGTTG
GCAATACTAATAGCAATTCTCCGTGCCTATCAAATCTTGATTTCATTTTGATTATGGCCTC
GAACAAGTTGCTACATTAGTTATTCTTTTCTTTGTTCTTTTTTATTCTGTTTTTGATGTTATA
GTTGGTGTGGGAATCTAGTGTATGAAAATAGGCAATTAGGAATAGTTGCTAGTTTAGGT
ACTGAAATTCCTTTGTTCTTTTGATGTTTAACAGGGTTTGAATTGTGTGATTGAAGATGT
TCAGTAATGTTCTAAGCATATTCAAGAAAAACATAAAAAAAAAAAAACAATACTATTGTT
GCTAAGCTACCATACGCAGCCTCAGTAGTGCTATAAAAGGGGAGCAAAGCAGGTTTTC
AAGTTGTAGTGAAGCAGAAATAGTCACAGATTAAAAAGTTGTATTTCAGTTTTCACAA
G
```

图 3-34 *PuPLA₂*启动子序列

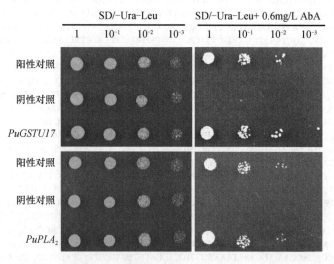

图 3-35 酵母单杂交验证 PuHSFA4a 可以结合 *PuGSTU17* 或者 *PuPLA₂* 的启动子

3.4.2.4 双萤光素酶实验验证 PuHSFA4a 下游靶基因 *PuGSTU17* 和 *PuPLA₂*

利用烟草瞬时表达体系分析 PuHSFA4a 对下游基因 *PuGSTU17* 和 *PuPLA₂* 的瞬时激活，实验结果表明：将 pBI121-*GFP* 和 pBI121-*PuHSFA4a-GFP* 分别与 *ProPuGSTU17：LUC*、*ProPuPLA₂：LUC* 共表达，与空载体相比较，PuHSFA4a 重组载体能够分别极显著提高 *ProPuGSTU17：LUC* 和 *ProPuPLA₂：LUC* 的活性（图 3-36）。

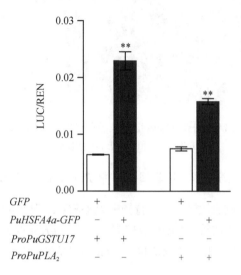

图 3-36　烟草瞬时表达体系验证 PuHSFA4a 对下游基因 *PuGSTU17* 和 *PuPLA₂* 的瞬时激活
通过 *t* 检验，**表示 *P*< 0.01。LUC 表示萤火虫萤光素酶；REN 表示海参萤光素酶

3.4.2.5 凝胶阻滞实验(electrophoretic mobility shift assay，EMSA)验证 PuHSFA4a 下游靶基因 *PuGSTU17* 和 *PuPLA₂*

通过染色体免疫共沉淀、酵母单杂和双萤光素酶实验验证了 PuHSFA4a 转录因子可以直接结合下游靶基因 *PuGSTU17* 和 *PuPLA₂* 的启动子 HSE 位点，通过 ChIP 验证出能够分别结合这两个基因 P1 部位的 HSE 位点，为了明确 PuHSFA4a 结合位点的关键碱基，针对这两个基因的结合位点设计探针，并分别进行生物素标记和未标记，之后退火形成双链，同时将 HSE 部位突变形成探针并退火形成双链（图 3-37），结果表明：PuHSFA4a 转录因子能够和生物素标记的 *PuGSTU17* 和 *PuPLA₂* 探针结合出现迁移带，并且逐渐加大非生物标记竞争探针的浓度能够明显使结合变弱，同时当这些探针突变后，没有出现结合带，说明 PuHSFA4a 转录因子能够和 *PuGSTU17* 与 *PuPLA₂* 启动子结合，并且结合的关键 HSE 部位分别是 "GAACTTTC" 和 "TTCAAGAA"。

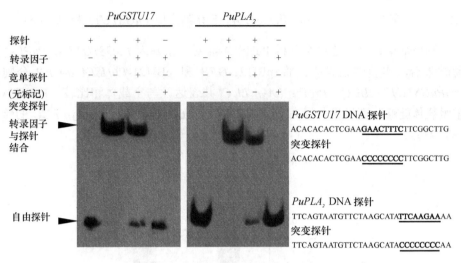

图 3-37　EMSA 验证 PuHSFA4a 转录因子可以直接结合下游靶基因
PuGSTU17 和 *PuPLA₂* 的启动子

3.4.2.6　高锌胁迫下 *PuHSFA4a* 转基因株系中 *PuGSTU17* 基因的表达

分析 *PuHSFA4a* 抑制表达转基因大青杨中 *PuGSTU17* 基因的表达，在高锌胁迫下转基因与野生型大青杨相比较，*PuGSTU17* 的表达在 *PuHSFA4a* 受到抑制后也受到了抑制（图 3-38），更好地说明了 *PuHSFA4a* 对 *PuGSTU17* 的表达存在正调节作用。

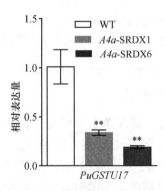

图 3-38　*PuHSFA4a* 抑制表达大青杨高锌胁迫下 *PuGSTU17* 的表达水平分析
以 WT 苗为对照，通过 t 检验，**表示 $P < 0.01$

3.4.3　小结

根据转录组测序结果预测 16 个非生物胁迫和根生长相关基因的启动子是否有 HSE 元件。筛选出 PuHSFA4a 转录因子直接作用的靶基因，通过软件预测出有 14 个基因的启动子有 HSE 元件，为了更进一步地研究 PuHSFA4a 直接作用的下游靶基因，针对这 14 个基因启动子 HSE 设计引物，进行体内染色质免疫沉淀，确定其直接作用的下游靶基因。通过 ChIP-PCR 技术，发现在这 14 个基因中只有 *PuGSTU17* 和 *PuPLA₂* 启动子的 HSE 能够与 PuHSFA4a 转录因子直接结合，之后通过 ChIP-qPCR 技术验证了这个结果，将 *PuGSTU17* 和 *PuPLA₂* 的启动子克隆出构建到不同的载体上，通过酵母单杂交实验发现 PuHSFA4a 在酵母体内能够和 *PuGSTU17* 与 *PuPLA₂* 的启动子结合。双萤光素酶（luciferase，LUC）实验表明：PuHSFA4a 能够激活 *PuGSTU17* 和 *PuPLA₂* 的启动子，导致这两个基因的转录表达。高锌胁迫下，*PuHSFA4a* 过表达和抑制表达转基因株系中 *PuGSTU17* 基因分别是上调和下调表达，说明 PuHSFA4a 对 *PuGSTU17* 基因是正调控。为了明确 PuHSFA4a 与 *PuGSTU17* 和 *PuPLA₂* 启动子的结合是通过哪些关键碱基，进行了 EMSA 实验。通过对 P1 位置的 HSE 定点突变构建探针，发现 PuHSFA4a 能够和 *PuGSTU17* 与 *PuPLA₂* 启动子的 HSE 元件结合。结果表明：热激转录因子通过 DBD 区域结合下游靶基因启动子的 HSE 元件 "GAACTTTC" 和 "TTCAAGAA" 对其进行转录调控。先前的研究也发现，HSE 元件一般由 nGAAn 或者 nTTCn 重复序列构成（Åkerfelt et al., 2010）。本研究结果和先前的研究一致，HSE 元件起关键作用的碱基是 GAA 或者是其反向序列 TTC。本研究明确了在高 Zn 胁迫下，PuHSFA4a 通过直接调控下游靶基因 *PuGSTU17* 和 *PuPLA₂* 来提高大青杨的抗逆能力，但是具体这两个靶基因怎样发挥作用从而提高大青杨的抗逆能力还需要进一步的研究。

3.5 *PuGSTU17* 和 *PuPLA₂* 基因功能验证

3.5.1 实验材料

3.5.1.1 植物材料

本实验室的组培苗。

3.5.1.2 载体与菌株

pBI121-*GFP* 质粒（由本实验室保存），pCAMBIA1300-*GFP* 质粒（由本实验室保存），pMD18-T 载体试剂盒（TaKaRa 公司），pCL-BEC（Invitrogen），pH7GWIWG2（Ⅱ）载体（由本实验保存），DH5α 和 EHA105 菌株。

3.5.2 实验结果和分析

3.5.2.1 *PuGSTU17* 和 *PuPLA₂* 基因的克隆

根据毛果杨中 *PuGSTU17* 和 *PuPLA₂* 序列设计引物，对大青杨进行克隆。

PuGSTU17 和 *PuPLA₂* 长度分别在 693bp 和 1257bp 左右（图 3-39 和图 3-40），将 PCR 产物进行纯化并连接到 T 载体上，送去测序。

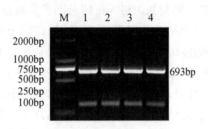

图 3-39 *PuGSTU17* 基因的 PCR 电泳

M. DL2000 DNA marker；1～4. *PuGSTU17* 重组载体的 PCR 产物

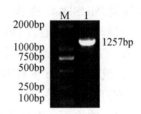

图 3-40 *PuPLA₂* 基因的 PCR 电泳

M. DL2000 DNA marker；1. *PuPLA₂* 重组载体的 PCR 产物

大青杨中 *PuGSTU17* 及 *PuPLA₂* 测序成功的核苷酸（5′-3′）与预测的氨基酸序列（N 端至 C 端）如图 3-41 和图 3-42 所示。

3.5.2.2 *PuGSTU17* 抑制表达载体的构建

将测序正确的含 *PuGSTU17* 和 *PuPLA₂* 基因菌落进行摇菌，然后提取质粒，构建 *PuGSTU17* 过表达载体，用含酶切位点的引物 PuGSTU17-2F：5′-GCTCTAGAGATGGCTAAGAGTGATGTGAAGC-3′（*Xba*I）和 *PuGSTU17*-2R：5′-GCGTCGACGGGAGTTCGAGCTGGCTGCTTT-3′（*Sal*I）（画线处为酶切位点）对其进行 PCR。纯化的 PCR 产物用 *Xba*I 和 *Sal*I 双酶切，连接到 pBI121-*GFP* 载体上，转入大肠杆菌中进行 PCR 检测，如图 3-43 所示。由图 3-43 可见，PCR 检测结果正常，说明目的片段已经连接到 pBI121-*GFP* 载体上，*PuGSTU17* 过表达载体构建成功。送去测序，测序正确后提取质粒转入农杆菌 EHA105 中，挑单克隆进行 PCR 检测，将有条带的菌液提取质粒送去测序，将序列正确的菌液储存于 −80℃冰箱中用于后续转基因。

PuGSTU17 抑制表达载体构建所使用的引物序列是 PuGSTU17-3F：5′-GTTGAGAACCACAGAGAAGATG-3′和 PuGSTU17-3R：5′-TCGAGCTGG

>*PuGSTU17*

```
1    ATG GCT AAG AGT GAT GTG AAG CTT ATA GGG GCA TGG CCG AGC CCT   45
1    Met Ala Lys Ser Asp Val Lys Leu Ile Gly Ala Trp Pro Ser Pro   15

46   TTT GTG ATG AGG GCA AGA ATT GCC CTT AAT ATT AAA TCT CTG GGG   90
16   Phe Val Met Arg Ala Arg Ile Ala Leu Asn Ile Lys Ser Leu Gly   30

91   TAT GAG TTT CTT GAG GAA AAA CTG GGA TCC AAA AGC CAG CTT CTT   135
31   Tyr Glu Phe Leu Glu Glu Lys Leu Gly Ser Lys Ser Gln Leu Leu   45

136  CTT GAA TCA AAC CCT GTC CAT AAG AAA ATT CCA GTT CTG ATT CAT   180
46   Leu Glu Ser Asn Pro Val His Lys Lys Ile Pro Val Leu Ile His   60

181  GAT GGC AAG CCC ATT TGT GAA TCT CTT GTG ATA GTG GAG TAC ATT   225
61   Asp Gly Lys Pro Ile Cys Glu Ser Leu Val Ile Val Glu Tyr Ile   75

226  GAT GAG GTT TGG TCT TCT GGA CCT ACC ATC CTC CCC TCT GAT CCT   270
76   Asp Glu Val Trp Ser Ser Gly Pro Thr Ile Leu Pro Ser Asp Pro   90

271  TAT GAT CGT GCC CTT GCT CGG TTT TGG GCT GCC TAT CTC GAT GAG   315
91   Tyr Asp Arg Ala Leu Ala Arg Phe Trp Ala Ala Tyr Leu Asp Glu   105

316  AAG TGG TTT CCT TCG ATG AGA AGC ATT GCA ACA GCT AAA GAA GAG   360
106  Lys Trp Phe Pro Ser Met Arg Ser Ile Ala Thr Ala Lys Glu Glu   120

361  GAG GCT CGA AAG GCG TTG ATA GAG CAA GCA GGA GAA GGG GTG ATG   405
121  Glu Ala Arg Lys Ala Leu Ile Glu Gln Ala Gly Glu Gly Val Met   135

406  ATG CTG GAG GAT GCA TTT AGT AGG TGT AGC AAA GGG AAG GGT TTC   450
136  Met Leu Glu Asp Ala Phe Ser Arg Cys Ser Lys Gly Lys Gly Phe   150

451  TTT GGA GGA GAT CAG ATC GGG TAC CTT GAC ATT GCA TTT GGT TCC   495
151  Phe Gly Gly Asp Gln Ile Gly Tyr Leu Asp Ile Ala Phe Gly Ser   165

496  TTT TTG GGG TGG TTG AGA ACC ACA GAG AAG ATG AAT GGA GTG AAG   540
166  Phe Leu Gly Trp Leu Arg Thr Thr Glu Lys Met Asn Gly Val Lys   180

541  CTG ATT GAT GAA ACT AAG ACT CCT AGC TTG TTG AAA TGG GCG ACT   585
181  Leu Ile Asp Glu Thr Lys Thr Pro Ser Leu Leu Lys Trp Ala Thr   195

586  AGT TTT TCT TCA CAT CCT GCT GTG AAG GAT GTT CTT CCA GAG ACA   630
196  Ser Phe Ser Ser His Pro Ala Val Lys Asp Val Leu Pro Glu Thr   210

631  GAG AAG CTT GTT GAG TTT GCC AAG GTT CTG GCC AAA TTC AAA GCA   675
211  Glu Lys Leu Val Glu Phe Ala Lys Val Leu Ala Lys Phe Lys Ala   225

676  GCC AGC TCG AAC TCC TAA   693
226  Ala Ser Ser Asn Ser End
```

图 3-41 *PuGSTU17* 基因全长 cDNA 及预测的氨基酸序列

>*PuPLA2*

```
1    ATG GGG AAT GGA AGT TCG AGT GGA TCA GGT CGT GAT GAT CAA GGC   45
1    Met Gly Asn Gly Ser Ser Ser Gly Ser Gly Arg Asp Asp Gln Gly   15

46   TTT GCA ACA ATC CTC AGC ATT GAC GGG GGA GGA GTG AGA GGC ATC   90
16   Phe Ala Thr Ile Leu Ser Ile Asp Gly Gly Gly Val Arg Gly Ile   30

91   GTT CCT AGC GTA GTC CTT ACT GCT CTA GAA GCT AAG CTT CAG AAG   135
31   Val Pro Ser Val Val Leu Thr Ala Leu Glu Ala Lys Leu Gln Lys   45

136  TTG GAT GTG GAT AAC AAG GAT GCG AGG ATC GCA GAT TAT TTT GAC   180
46   Leu Asp Val Asp Asn Lys Asp Ala Arg Ile Ala Asp Tyr Phe Asp   60
```

```
181   TTT GTT GCT GGG ACA AGC ACA GGA GGT CTT ATG ACT GCC ATG CTC  225
61    Phe Val Ala Gly Thr Ser Thr Gly Gly Leu Met Thr Ala Met Leu  75

226   ACT ACT CCG AAT GCT GAA AAA CGA CCA ACT TTT GCA GCA AAG GAT  270
76    Thr Thr Pro Asn Ala Glu Lys Arg Pro Thr Phe Ala Ala Lys Asp  90

271   ATT GTC CAG TTT TAT CTG GAC AAG AGT CAA CTC ATA TTT CCT CAA  315
91    Ile Val Gln Phe Tyr Leu Asp Lys Ser Gln Leu Ile Phe Pro Gln  105

316   ACC ACC GAA CAA TAT GAA GAC GAT GAA CTT TTC GAT GAT GAA GCT  360
106   Thr Thr Glu Gln Tyr Glu Asp Asp Glu Leu Phe Asp Asp Glu Ala  120

361   GCG ATC AAT TCT GTC CTG GAT GAA GCA AGA AAC CAG ATC CAG CAA  405
121   Ala Ile Asn Ser Val Leu Asp Glu Ala Arg Asn Gln Ile Gln Gln  135

406   TAT AAA AAT GAA ATG AGG AAT CAT ATC ATT GTA GAT CCT CTC ATT  450
136   Tyr Lys Asn Glu Met Arg Asn His Ile Ile Val Asp Pro Leu Ile  150

451   TCT GCA TTA CGG TTT CTT TTA AAG TTT AGA TTG CTT CCT AAC TTT  495
151   Ser Ala Leu Arg Phe Leu Leu Lys Phe Arg Leu Leu Pro Asn Phe  165

496   ATC CGT AAG AAA CTT CGG AGT CTA GTT TTT CCA AGG TAT GAT GGT  540
166   Ile Arg Lys Lys Leu Arg Ser Leu Val Phe Pro Arg Tyr Asp Gly  180

541   GTC AAA CTA CAT GAG ATA ATT AAC GAA GAA GTG GGA CAG AAA CTT  585
181   Val Lys Leu His Glu Ile Ile Asn Glu Glu Val Gly Gln Lys Leu  195

586   CTC AGT GAT GCT CTG ACT AAC GTG ATA ATC CCC ACT TTC GAC ATC  630
196   Leu Ser Asp Ala Leu Thr Asn Val Ile Ile Pro Thr Phe Asp Ile  210

631   AAG CTT TTT CAG CCA ATC ATA TTC TCC AGC TTA AAG GCA CAA CGA  675
211   Lys Leu Phe Gln Pro Ile Ile Phe Ser Ser Leu Lys Ala Gln Arg  225

676   GAT AAA TCA ACG GAC GCT CGA ATA GCA GAC GTT TGT ATT GGC ACG  720
226   Asp Lys Ser Thr Asp Ala Arg Ile Ala Asp Val Cys Ile Gly Thr  240

721   TCT GCA GCG CCA TAT TAC TTC CCT CCA TAT TAT TTT AAA ACA AAA  765
241   Ser Ala Ala Pro Tyr Tyr Phe Pro Pro Tyr Tyr Phe Lys Thr Lys  255

766   GTT GAT TTC AAC TTA GCT GAT GGC GGT CTT GCA GCC AAC AAT CCT  810
256   Val Asp Phe Asn Leu Ala Asp Gly Gly Leu Ala Ala Asn Asn Pro  270

811   TCA TTG CTA GCC GTG TGT GAG GTG ATG AAA GAA CAA AAG ATG GAT  855
271   Ser Leu Leu Ala Val Cys Glu Val Met Lys Glu Gln Lys Met Asp  285

856   GGT CGT AAG CTT CTT ATT CTT TCA CTT GGA ACT GGA GCA GCT GAC  900
286   Gly Arg Lys Leu Leu Ile Leu Ser Leu Gly Thr Gly Ala Ala Asp  300

901   CAG AGT GGC AGG TAT GTG GTT GGA GAT CCC AGC AAA TGG GGC CTC  945
301   Gln Ser Gly Arg Tyr Val Val Gly Asp Pro Ser Lys Trp Gly Leu  315

946   TTA AGA TGG CTT TGG TAT AGC GAG AAC AAC GGC AGC CCA TTG ATT  990
316   Leu Arg Trp Leu Trp Tyr Ser Glu Asn Asn Gly Ser Pro Leu Ile  330

991   GAT ATC TTG ACA ACC GCA CCA GAT GAG ATG ATT TCT ACG TAT ATA  1035
331   Asp Ile Leu Thr Thr Ala Pro Asp Glu Met Ile Ser Thr Tyr Ile  345

1036  TCC ACA ATC TTT AAA TAT TGT GGT TGG GAA GAT AAC TAT TAT CGG  1080
346   Ser Thr Ile Phe Lys Tyr Cys Gly Trp Glu Asp Asn Tyr Tyr Arg  360

1081  CTT CAG GCT AAG ATG GAA CTC ACT GGG GCC AGG ATG GAC GAT GCA  1125
361   Leu Gln Ala Lys Met Glu Leu Thr Gly Ala Arg Met Asp Asp Ala  375

1126  AGC CAA GAA AAT CTG AAA AAA CTT GAG AAG ATC GGT AAA GAT CTT  1170
376   Ser Gln Glu Asn Leu Lys Lys Leu Glu Lys Ile Gly Lys Asp Leu  390

1171  GCG GCA AAG CAC GAT GCC GAA CTT GAA GCC CTT GCG CAA AAA CTG  1215
391   Ala Ala Lys His Asp Ala Glu Leu Glu Ala Leu Ala Gln Lys Leu  405

1216  ATT AAG AAC CGG AAA GCT CGC TTG ACC AGA ACT TCT GGT TGA  1257
406   Ile Lys Asn Arg Lys Ala Arg Leu Thr Arg Thr Ser Gly End
```

图 3-42 *PuPLA₂* 基因全长 cDNA 及预测的氨基酸序列

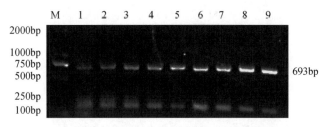

图 3-43　PCR 产物采用大肠杆菌质粒进行 PCR

M：DL2000 DNA marker；1～9：pBI121-*PuGSTU17-GFP* 过表达载体的 PCR 结果

CTGCTTTGAAT-3′。将目的片段的保守区片段连接到入门载体 pENTR 中（Invitrogen），之后转入大肠杆菌，进行 PCR 检测。用试剂盒中的引物 M13（F）和 M13（R）进行测序，全长片段长度大约为 500bp，如图 3-44 所示。同时将 PCR 菌液送去测序，测序成功的菌液提取质粒，将目的片段连接到 pH7GWIWG2（Ⅱ）载体上，转入大肠杆菌中。用 PuGSTU17-3F 和 PuGSTU17-3R 引物进行 PCR（图 3-45），最后选测序成功的菌液提取质粒，转入农杆菌 EHA105 中进行检测，选取阳性菌落保存到−80℃冰箱备用。

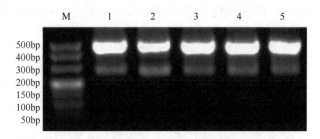

图 3-44　PCR 产物采用大肠杆菌质粒进行 PCR

M. DL500 DNA marker；1～5. pENTR-*PuGSTU17* 抑制表达载体的 PCR 结果

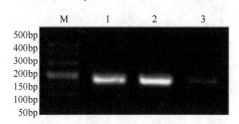

图 3-45　PCR 产物采用大肠杆菌质粒进行 PCR

M. DL500 DNA marker；1～3. pH7GWIWG2（Ⅱ）-*PuGSTU17* 抑制表达载体的 PCR 结果

PuPLA₂ 过表达质粒的构建参考以上步骤，转入大肠杆菌中进行 PCR 检测，如图 3-46 所示，可见 PCR 检测正常，送去测序，将测序成功的菌液提取质粒转入农杆菌，备用。

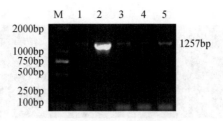

图 3-46　PCR 产物农杆菌质粒 PCR

M. DL2000 DNA marker；1～5. pBI121-*PuPLA₂-GFP* 过表达载体的 PCR 结果

3.5.2.3　*PuGSTU17* 和 *PuPLA₂* 过表达转基因大青杨的鉴定

将阳性农杆菌转入大青杨中，将生长状态良好的继代培养 3 周的野生型大青杨用含 *PuGSTU17* 和 *PuPLA₂* 重组质粒的农杆菌进行遗传转化，在 WPM 筛选培养基上培养。约 40d 后，大青杨的叶柄伤口处逐渐出现抗性愈伤，将抗性愈伤继续置于 WPM 分化筛选培养基上培养，待各个转基因株系刚分化出芽时转入 1/2WPM 分化筛选培养基。一个月后转入 1/10WPM 分化筛选培养基中，等苗长到具有 3～4 片叶子时转入 1/2MS 生根培养基中，获得转基因植株。*PuGSTU17* 过表达、抑制表达株系和 *PuPLA₂* 过表达转基因株系如图 3-47 和图 3-48 所示。

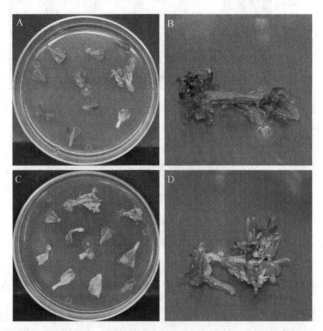

图 3-47　*PuGSTU17* 转基因植株的获得（彩图请扫封底二维码）

A 和 B. *PuGSTU17* 过表达株系筛选培养和抗性愈伤；C 和 D. *PuGSTU17* 抑制表达株系筛选培养和抗性愈伤

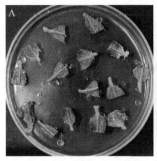

图 3-48 *PuPLA₂* 转基因植株的获得（彩图请扫封底二维码）

A 和 B. *PuPLA₂* 过表达株系筛选培养和抗性愈伤

挑选 *PuGSTU17* 过表达转基因株系提取 DNA 和 RNA，分别在基因组水平和转录组水平上对转基因株系进行检测。DNA 水平的 PCR 结果见图 3-49，目的片段总长度为 *PuGSTU17* 基因加上 *GFP* 基因的长度（956bp）。

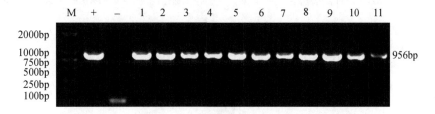

图 3-49 *PuGSTU17* 过表达转基因株系 DNA 水平的检测

M. DL2000 DNA marker；+. pBI121-*PuGSTU17-GFP* 重组质粒；−. 野生型大青杨；1～11. 11 个转基因大青杨株系

提取 *PuGSTU17* 过表达株系 *GSTU17*-OE3 和 *GSTU17*-OE4 的 RNA 反转录成 cDNA，进行 *PuGSTU17* 基因的表达量分析，结果见图 3-50。由其可见，两个过表达转基因株系的 *PuGSTU17* 基因表达量均极显著高于野生型对照。

对 *PuGSTU17* 抑制表达转基因株系 RNAi1 和 RNAi7 提取 RNA 并反转录成 cDNA，进行 *PuGSTU17* 基因的表达量分析，结果见图 3-51。由其可见，两个抑制表达株系的 *PuGSTU17* 基因表达量均极显著低于野生型。

对 *PuPLA₂* 过表达转基因株系在基因组水平和转录组水平进行检测，DNA 水平的 PCR 结果见图 3-52，有 13 个转基因株系。

提取 *PuPLA₂* 过表达株系 *PLA₂*-OE2 和 *PLA₂*-OE3 的 RNA 并反转录成 cDNA，进行 *PuPLA₂* 基因的表达量分析，结果见图 3-53。由其可见，两个过表达株系的 *PuPLA₂* 基因表达量均极显著高于野生型对照。

获得的过表达和抑制表达转基因大青杨，一部分苗进行组培，一部分苗进行土培。

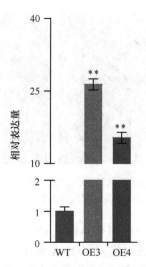

图 3-50　*PuGSTU17* 基因在 WT 和过表达转基因株系中的表达量分析

OE3 和 OE4 为 *PuGSTU17* 过表达转基因株系；以 WT 苗为对照，通过 *t* 检验，*表示 $P < 0.05$，**表示 $P < 0.01$；下同

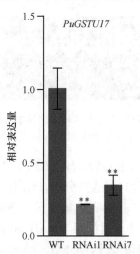

图 3-51　*PuGSTU17* 基因在 WT 和抑制表达转基因株系中的表达量分析

RNAi1 和 RNAi7 为 *PuGSTU17* 抑制表达转基因株系

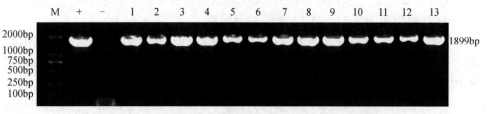

图 3-52　*PuPLA₂* 过表达转基因株系 DNA 水平的检测

M. DL2000 DNA marker；+. pBI121-*PuPLA₂-GFP* 重组质粒；−. 野生大青杨 WT；

1～13. *PuPLA₂* 抑制表达转基因株系

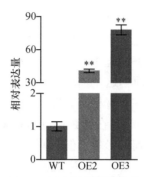

图 3-53 *PuPLA₂* 基因在 WT 和过表达转基因株系中的表达量分析

PLA₂-OE2 和 *PLA₂*-OE3 为 *PuPLA₂* 过表达转基因株系

3.5.2.4 高锌胁迫下 *PuGSTU17* 转基因株系的抗逆分析及生理生化指标测定

1. 根部干重分析

为了研究 *PuGSTU17* 基因的功能，将继代培养一周、生长状态一致的 *PuGSTU17* 过表达、抑制表达转基因株系和野生型组培苗进行各种非生物胁迫：1.2mmol/L ZnSO₄、80μmol/L CdCl₂、6% PEG6000 和 150mmol/L NaCl 分别胁迫两周。所有的 *PuGSTU17* 过表达和抑制表达株系都经历了胁迫，分别选取有表型而且表达量最高的两个株系展现出来：未经胁迫处理和其他胁迫条件下，*PuGSTU17* 转基因株系和野生型地上部分与根部的生长状态差别不显著（图 3-54）。

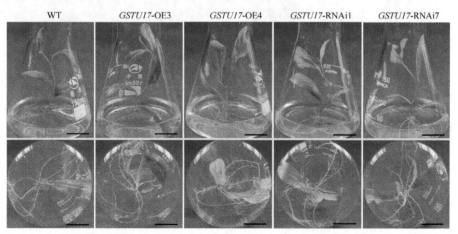

图 3-54 正常生长条件下 *PuGSTU17* 过表达（*GSTU17*-OE3 和 *GSTU17*-OE4）、抑制表达（*GSTU17*-RNAi1 和 *GSTU17*-RNAi7）转基因株系和野生型大青杨地上部分与根部表型观察

（彩图请扫封底二维码）

在高锌胁迫下，转基因株系和野生型大青杨生长都受到抑制，但是 *PuGSTU17* 过表达转基因株系（*GSTU17*-OE3 和 *GSTU17*-OE4）根系比野生型根系发达，根

长更长，干重比较大（图 3-55）。相反 *PuGSTU17* 抑制表达转基因株系（*GSTU17*-RNAi1 和 *GSTU17*-RNAi7）比野生型大青杨的根系生长缓慢，根系的生物量最小（图 3-55）。结果表明：在高锌胁迫下，*PuGSTU17* 过表达促进了根部的生长，提高了大青杨的抗高锌能力，而当这个基因被抑制后，大青杨根部生长受到的抑制更明显了。说明 *PuGSTU17* 在大青杨抗高锌中发挥着重要的作用，但其具体机制还需要更深入的研究。同时发现，在 $CdCl_2$、PEG6000 和 NaCl 胁迫下抑制表达转基因株系和 WT 的生长都受到了影响，但是两者没有太大的区别（图 3-56）。

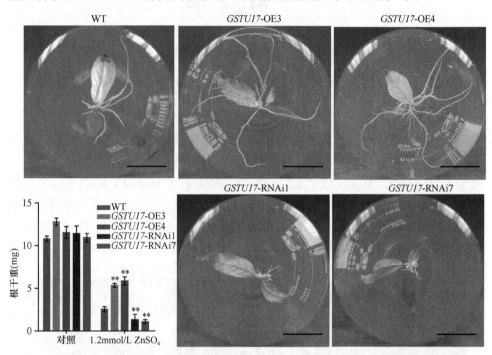

图 3-55　高锌胁迫下 *PuGSTU17* 过表达（*GSTU17*-OE3 和 *GSTU17*-OE4）、抑制表达（*GSTU17*-RNAi1 和 *GSTU17*-RNAi7）转基因株系和野生型大青杨根部表型观察及根干重（标尺=2cm）
（彩图请扫封底二维码）

2. 丙二醛（MDA）和电导率（EL）分析

MDA 分析结果如图 3-57A 所示：在正常生长条件下，*PuGSTU17* 转基因株系和 WT 根部 MDA 含量差别不大；在高锌胁迫下，*PuGSTU17* 转基因和野生型大青杨根部的 MDA 含量都上升，但是 *PuGSTU17* 过表达转基因大青杨根部的 MDA 含量略有上升，与 WT 相比差异极显著，而 *PuGSTU17* 抑制表达转基因大青杨根部的 MDA 含量与 WT 相比较差异显著。说明高锌胁迫后，*PuGSTU17* 过表达降低了细胞内氧化损伤程度，当抑制该基因表达的时候，增加了细胞内氧化损伤程度。

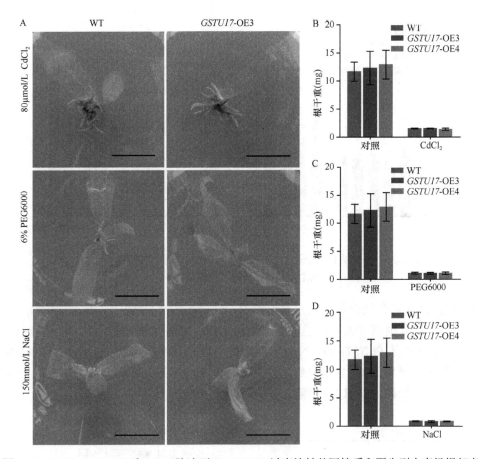

图 3-56　CdCl₂、PEG6000 和 NaCl 胁迫下 *PuGSTU17* 过表达转基因株系和野生型大青杨根部表
型观察及根干重（标尺=0.5cm）（彩图请扫封底二维码）
每个实验重复三次，每次测量 30 棵苗的根部

EL 分析结果如图 3-57B 所示：在正常生长条件下，*PuGSTU17* 转基因和 WT 大青杨的根部 EL 差别不显著；在高锌胁迫下，*PuGSTU17* 转基因和野生型大青杨根部的 EL 都上升，但是 *PuGSTU17* 过表达转基因大青杨与 WT 相比根部的 EL 是下降的，差异极显著，而 *PuGSTU17* 抑制表达转基因大青杨根部的 EL 与 WT 相比较是上升的，差异显著或极显著。说明高锌胁迫后，*PuGSTU17* 的高表达降低了细胞膜受损程度，当抑制其表达后，反而增加了细胞膜受损程度。通过 EL 和 MDA 的测定，初步断定了 *PuGSTU17* 基因能够提高植物的抗高锌能力，部分通过降低细胞内氧化损伤程度和降低细胞膜受损程度来提高。

3. H₂O₂ 含量分析及 DAB 染色

在胁迫下，H₂O₂ 和 O₂·⁻ 的含量可以作为反映植物抗逆能力的指标。H₂O₂ 主要

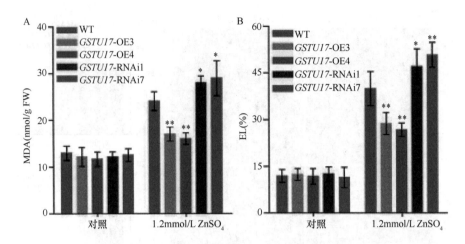

图 3-57 高锌胁迫下 *PuGSTU17* 过表达、抑制表达转基因株系和野生型
大青杨根部 MDA 与 EL 测定（彩图请扫封底二维码）

是通过 DAB 染色及含量的测定来定量的，结果如图 3-58 所示，在正常条件下生
长的各个株系根部 DAB 染色都很浅，但是在经过高锌胁迫处理后，根部染色都
加深了，特别是 *PuGSTU17*-RNAi 转基因株系根部 H_2O_2 含量最高，*PuGSTU17*-OE
转基因株系根部 H_2O_2 含量最低。结果说明，在高锌胁迫处理下 PuGSTU17 转录
因子能够降低体内的 H_2O_2 含量。

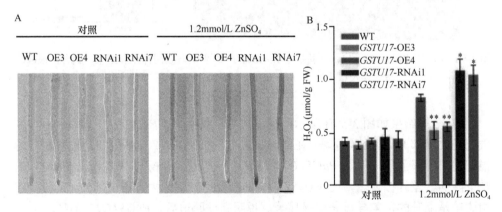

图 3-58 高锌胁迫前后 *PuGSTU17* 过表达、抑制表达转基因株系和野生型
大青杨根部 H_2O_2 定性与定量（标尺=500μm）（彩图请扫封底二维码）

4. $O_2^{\cdot-}$ 含量分析及 NBT 染色

$O_2^{\cdot-}$ 主要是通过 NBT 染色及含量的测定来定量的，结果如图 3-59 所示：在
正常条件下生长的各个株系根部 NBT 染色都很浅，而且 $O_2^{\cdot-}$ 含量都很低且没有明

显的区别，但是在经过高锌胁迫处理后，各个株系根部染色都加深了，特别是 *PuGSTU17*-RNAi 转基因株系，*PuGSTU17*-OE 转基因株系染色最浅，同时在测定 $O_2^{\cdot-}$ 含量时候发现了相似的规律，即 *PuGSTU17* 根部 $O_2^{\cdot-}$ 含量最高，*PuGSTU17*-OE 转基因株系根部 $O_2^{\cdot-}$ 含量最低。表明在高锌胁迫处理下，PuGSTU17 转录因子能够降低体内的 $O_2^{\cdot-}$ 含量。

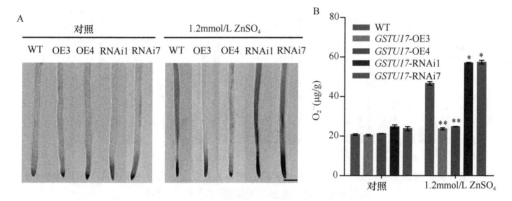

图 3-59　高锌胁迫前后 *PuGSTU17* 过表达、抑制表达转基因株系和野生型大青杨根部 $O_2^{\cdot-}$ 定性与定量（标尺=500μm）（彩图请扫封底二维码）

5. GST 酶活分析

谷胱甘肽硫转移酶（glutathione S-transferase，GST，EC 2.5.1.18）广泛存在于各种生物组织细胞液中，具有多种生理功能，其中最重要的一种作用是参与外来化学物质，包括致癌物、致突变物和重金属物质等的代谢，起到解毒的作用（Dalton et al.，2009）。部分 GST 可以直接和外源污染物重金属、除草剂等不利因素结合，从而降低其对细胞的毒性（Kumar et al.，2013；Zhang et al.，2013），另一部分 GST 通过催化还原型谷胱甘肽（GSH）与多种外源和内源有毒物质结合来减少生物体内受到的伤害。所以说 GST 在解毒和植物抗逆过程中起着重要的作用，测定 GST 酶活可以间接地反映出不同植物体的抗逆能力。通过 GST 酶活测定实验（图 3-60A），发现在没有胁迫之前，*PuGSTU17* 过表达转基因株系 GST 酶活是野生型大青杨的 1.5 倍左右，而 *PuGSTU17* 抑制表达转基因株系和野生型大青杨在 GST 酶活上没有太大区别；在高锌胁迫后，所有株系的 GST 酶活大致呈增长趋势，但是 *PuGSTU17* 过表达转基因株系 GST 酶活增加最多，是野生型大青杨的 2 倍左右，而 *PuGSTU17* 抑制表达转基因株系 GST 酶活增加最少，比野生型大青杨的还要低很多。说明 *PuGSTU17* 基因在高锌胁迫后的大青杨中通过提高体内的 GST 酶活来提高植物的抗高锌能力。

此外，通过测定高锌胁迫后 *PuGSTU17* 转基因株系与野生型大青杨的根部锌含量，发现 1.2mmol/L ZnSO₄ 处理后 *PuGSTU17* 过表达转基因株系根部的锌含量明显高于野生型大青杨和 *PuGSTU17* 抑制表达转基因株系（图 3-60C）。当抑制该基因后根部锌含量显著低于野生型大青杨（图 3-60C）。说明过表达 *PuGSTU17* 能够提高植物的抗高锌能力。

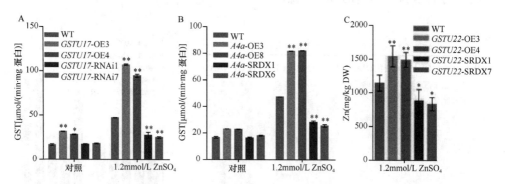

图 3-60　高锌胁迫前后过表达、抑制表达转基因株系和野生型大青杨根部 GST 酶活测定（A）与锌含量（C）测定（彩图请扫封底二维码）

3.5.2.5　高锌胁迫下 *PuPLA₂* 转基因株系的抗逆分析

为研究 *PuPLA₂* 基因的功能，将继代培养一周的生长状态一致的 *PuPLA₂* 过表达转基因株系和野生型大青杨组培苗采用 1.2mmol/L ZnSO₄ 分别胁迫两周，所有的 *PuPLA₂* 转基因株系都经历了胁迫，分别选取有表型且表达量最高的两个株系展现出来，如图 3-61 所示：未经胁迫处理条件下，*PuPLA₂* 转基因株系和野生型大青杨地上部分的生长状态差别不显著（图 3-61），而在根部的生长方面，*PuPLA₂* 转基因株系比 WT 好；在高锌胁迫下，转基因株系和 WT 的生长都受到抑制，但是 *PuPLA₂* 过表达转基因株系（*PLA₂*-OE2 和 *PLA₂*-OE3）根系比野生型根系发达，根长比较长，干重比较大，同时 *PLA₂*-OE2 和 *PLA₂*-OE3 转基因株系的株高极显著高于 WT（图 3-61）。结果表明：*PuPLA₂* 过表达后会促进大青杨根部的生长。

3.5.3　小结

先前的研究确定了 PuHSFA4a 直接作用的下游两个靶基因是 *PuGSTU17* 和 *PuPLA₂*。之后对下游靶基因进行了转基因株系表型观察来研究和验证这两个基因在高锌胁迫下的功能。构建 *PuGSTU17* 过表达和抑制表达转基因株系，通过表型观察和生理生化指标测定发现：在高锌胁迫条件下，*GSTU17*-OE3 和 *GSTU17*-OE4 转基因株系根部的长势比 WT、*GSTU17*-RNAi1 和 *GSTU17*-RNAi7

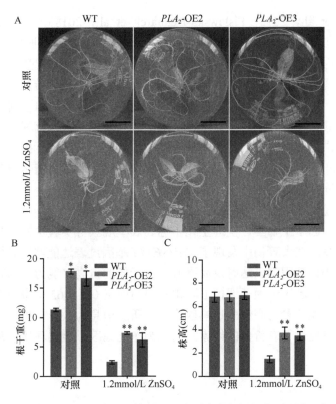

图 3-61　高锌胁迫前后 *PuPLA₂* 转基因株系和野生型大青杨根部表型观察（标尺=2cm）与根干重、株高（彩图请扫封底二维码）

转基因株系好，而当抑制该基因后根部的长势比野生型和过表达转基因株系的根部长势弱很多，说明 *PuGSTU17* 基因具有一定的抗高锌能力。之后通过测量 WT 和 *PuGSTU17* 转基因株系在没有胁迫和高锌胁迫后的 EL 及 MDA、H_2O_2 和 O_2^{-} 含量发现：高锌胁迫条件下，*PuGSTU17* 过表达转基因株系的抗高锌能力比 WT 和抑制表达转基因株系高，而抑制表达株系的抗逆境胁迫能力明显比 WT 差。同时测量了胁迫前后的 GST 酶活，发现 *PuGSTU17* 基因能够提高大青杨体内的 GST 酶活。

　　过表达 *PuGSTU17* 基因能够提高体内的 GST 酶活，从而应对高锌胁迫带来的伤害，通过提高 GST 酶活来降低细胞受到的氧化胁迫和降低膜脂过氧化程度。同时测量了高锌胁迫下 *PuHSFA4a* 过表达、抑制表达转基因株系和 WT 的 GST 酶活，和 *PuGSTU17* 转基因株系的基因表达量变化趋势大概一致，由于 *PuGSTU17* 是 PuHSFA4a 的靶基因，说明了 PuHSFA4a 可能通过 *PuGSTU17* 靶基因来提高体内的 GST 酶活从而提高植物的抗高锌能力。通过先前的研究了解到 GST 不仅可以提高植物在重金属胁迫下的抗逆能力，而且可以提高植物对重金属离子的积累能力（Kumar et al.，2013；Piślewska-Bednarek et al.，2018），基础研究中也发现 *PuGSTU17* 过表达后提高了 GST 酶活，促进了根部对锌离子的吸收，而 *PuHSFA4a* 过表达转基因株系根部锌含量提高可能部分是通过提高下游靶基因 *PuGSTU17* 的表达量来实现的。之后获得了另一个靶基因 *PuPLA₂* 过表达转基因株系，并进行了胁迫观察，发现过表达 *PuPLA₂* 基因在没有胁迫和高锌胁迫下均能够促进根部的生长，尤其是在高锌胁迫下促进作用更明显。发达的根系有利于株系吸收更多的营养，以供给地上部分的生长，且有助于植物在逆境环境下提升自己的抗逆能力，说明 PuHSFA4a 部分地通过 *PuPLA₂* 在高锌胁迫下促进植物根部的生长，从而提高抗高锌能力。

综上所述，本研究以 *PuHSFA4a* 基因/PuHSFA4a 转录因子为主要研究对象，利用一系列的分子生物学、生理生化指标、表型观察等实验探究了其参与的大青杨抗高锌途径。在大青杨中发现了 *PuHSFA4a* 基因过表达能够提高植物的抗高锌能力，当抑制该基因的表达时反而降低了大青杨的抗高锌能力。同时，更进一步揭示了 PuHSFA4a 转录因子调控下游靶基因的通路（图 3-62）。本研究首次发现了热激转录因子能够参与高锌胁迫响应途径，所获信息为大青杨抗高锌胁迫信号转导途径的完善提供了有价值的线索，而且为东北地区重金属环境修复提供了很好的原材料。

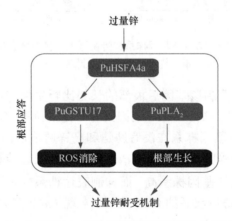

图 3-62　PuHSFA4a 转录因子响应高锌胁迫的调控模式

PuHSFA4a 基因能够在高锌胁迫下特异性地在大青杨根部诱导表达，一方面 PuHSFA4a 通过调控下游 *PuGSTU17* 的表达来增加根部的 GST 酶活，从而降低根部产生的活性氧，另一方面 PuHSFA4a 通过调控下游 *PuPLA₂* 的表达来促进根部的生长，最终在高锌胁迫下提高大青杨的抗高锌能力

参 考 文 献

Åkerfelt M, Morimoto R I, Sistonen L. 2010. Heat shock factors: integrators of cell stress, development and lifespan. Nature Reviews Molecular Cell Biology, 11: 545-555.

Bai S, Yao T, Li M, et al. 2014. PIF3 is involved in the primary root growth inhibition of *Arabidopsis* induced by nitric oxide in the light. Molecular Plant, 7: 616-625.

Blaudez D, Kohler A, Martin F, et al. 2003. Poplar metal tolerance protein 1 confers zinc tolerance and is an oligomeric vacuolar zinc transporter with an essential leucine zipper motif. The Plant Cell, 15: 2911-2928.

Cloutier M, Vigneault F, Lachance D, et al. 2005. Characterization of a poplar NIMA-related kinase PNek1 and its potential role in meristematic activity. FEBS Letters, 579: 4659-4665.

Dai W, Wang M, Gong X, et al. 2018. The transcription factor Fc WRKY 40 of *Fortunella crassifolia* functions positively in salt tolerance through modulation of ion homeostasis and proline biosynthesis by directly regulating SOS 2 and P5 CS 1 homologs. New Phytologist, 219: 972-989.

Dalton D A, Boniface C, Turner Z, et al. 2009. Physiological roles of glutathione S-transferases in soybean root nodules. Plant Physiology, 150: 521-530.

Holk A, Rietz S, Zahn M, et al. 2002. Molecular identification of cytosolic, patatin-related phospholipases A from *Arabidopsis* with potential functions in plant signal transduction. Plant Physiology, 130: 90-101.

Jha B, Sharma A, Mishra A. 2011. Expression of SbGSTU (tau class glutathione S-transferase) gene isolated from *Salicornia brachiata* in tobacco for salt tolerance. Mol Biol Rep, 38: 4823-4832.

Kawano T. 2003. Roles of the reactive oxygen species-generating peroxidase reactions in plant defense and growt hinduction. Plant Cell Reports, 21: 829-837.

Kim D, Pertea G, Trapnell C, et al. 2013. TopHat2: accurate alignment of transcriptomes in the presence of insertions, deletions and gene fusions. Genome Biology, 14: 1-13.

Kumar S, Asif M H, Chakrabarty D, et al. 2013. Expression of a rice Lambda class of glutathione S-transferase, OsGSTL2, in *Arabidopsis* provides tolerance to heavy metal and other abiotic stresses. Journal of Hazardous Materials, 248: 228-237.

Lan H X, Wang Z F, Wang Q H, et al. 2013. Characterization of a vacuolar zinc transporter OZT1 in rice (*Oryza sativa* L.). Molecular Biology Reports, 40: 1201-1210.

Lee J E, Vogt T, Hause B, et al. 1997. Methyl jasmonate induces an O-methyltransferase in barley1. Plant and Cell Physiology, 38: 851-862.

Leister D. 2004. Tandem and segmental gene duplication and recombination in the evolution of plant disease resistance genes. Trends in Genetics, 20: 116-122.

Narusaka Y, Narusaka M, Seki M, et al. 2003. Expression profiles of *Arabidopsis* phospholipase A IIA gene in response to biotic and abiotic stresses. Plant and Cell Physiology, 44: 1246-1252.

Passardi F, Penel C, Dunand C. 2004. Performing the paradoxical: how plant peroxidases modify the cell wall. Trends in Plant Science, 9: 534-540.

Passardi F, Tognolli M, De Meyer M, et al. 2006. Two cell wall associated peroxidases from *Arabidopsis* influence root elongation. Planta, 223: 965-974.

Piślewska-Bednarek M, Nakano R T, Hiruma K, et al. 2018. Glutathione transferase U13 functions in pathogen-triggered glucosinolate metabolism. Plant Physiology, 176: 538-551.

Rietz S, Dermendjiev G, Oppermann E, et al. 2010. Roles of *Arabidopsis* patatin-related phospholipases a in root development are related to auxin responses and phosphate deficiency. Molecular Plant, 3: 524-538.

Saini S, Sharma I, Kaur N, et al. 2013. Auxin: a master regulator in plant root development. Plant Cell Reports, 32: 741-757.

Saitou N, Nei M. 1987. The neighbor-joining method: a new method for reconstructing phylogenetic trees. Molecular Biology and Evolution, 4: 406-425.

Sun J, Qi L, Li Y, et al. 2012. PIF4-mediated activation of YUCCA8 expression integrates temperature into the auxin pathway in regulating *Arabidopsis* hypocotyl growth. PLoS Genetics, 8: e1002594.

Tuskan G A, Difazio S, Jansson S, et al. 2006. The genome of black cottonwood, *Populus trichocarpa* (Torr. & Gray). Science, 313: 1596-1604.

Wang C, Zien C A, Afitlhile M, et al. 2000. Involvement of phospholipase D in wound-induced accumulation of jasmonic acid in *Arabidopsis*. The Plant Cell, 12: 2237-2246.

Wang F, Dong Q, Jiang H, et al. 2012. Genome-wide analysis of the heat shock transcription factors in *Populus trichocarpa* and *Medicago truncatula*. Molecular Biology Reports, 39: 1877-1886.

Wu C. 1995. Heat shock transcription factors: structure and regulation. Annual Review of Cell and Developmental Biology, 11: 441-469.

Zhang B, Chen H W, Ma B, et al. 2011. NIMA-related kinase NEK6 affects plant growth and stress response in *Arabidopsis*. Plant Journal, 68: 830-843.

Zhang H, Yang J, Wang W, et al. 2015. Genome-wide identification and expression profiling of the copper transporter gene family in *Populus trichocarpa*. Plant Physiology and Biochemistry, 97: 451-460.

Zhang W, Yin K, Li B, et al. 2013. A glutathione S-transferase from *Proteus mirabilis* involved in heavy metal resistance and its potential application in removal of Hg^{2+}. Journal of Hazardous Materials, 261: 646-652.

4 大青杨 Pu-miR172d 响应干旱胁迫的机制研究

气孔是植物表皮由两个保卫细胞围绕形成的小孔，在调节植物光合固碳和水分散失的平衡方面作用颇大。气孔的发生是一种复杂的生物学过程，受多种基因所调控。气孔的发育状态不但可以影响植物的生长，而且关系到植物应对环境胁迫的能力。目前，已有一些报道发现 miRNA 参与气孔的发生过程，但其分子作用机制仍然不是很清晰。本研究旨在初步阐明大青杨 miR172 通过调控气孔发育来响应干旱胁迫的分子机制，利用生物化学、分子生物学和基因工程等手段对大青杨 Pu-miR172d 及其靶基因 *PuGTL1* 的分子功能进行了分析鉴定。

4.1 小黑杨花芽发育相关 miRNA 的鉴定

4.1.1 实验材料

4.1.1.1 植物材料

成熟的小黑杨（*Populus simonii × Populus nigra*）取自东北林业大学校园，采集 3 棵小黑杨健康成熟的具有花芽和叶芽的树枝，浸泡在装有无菌水的塑料桶中，在 23～25℃、长日照（16h 光照/8h 黑暗）的温室中培养，每 4d 换一次水。12d 后进行叶芽取材。茎尖从相同基因型的组培苗中取材。花芽分 3 个不同发育阶段进行取材：第一阶段花粉处于四分体时期，第二阶段花粉处于单核细胞晚期，第三阶段花粉处于双核细胞期。

大青杨（*Populus ussuriensis*）无菌组培苗由本实验室保存；大青杨土培苗由本实验室种植。培养室温度为 23～25℃，光周期为 12h 光照/12h 黑暗。

4.1.1.2 菌株与载体

大肠杆菌感受态 Trans5α 购于北京全式金生物技术股份有限公司，克隆载体 pCloneEZ-TOPO 购于中美泰和生物技术（北京）有限公司，pBI121-*GFP* 由本实验室保存。

4.1.2 实验结果与分析

4.1.2.1 花芽、茎尖和叶芽中 sRNA 的序列分析

为了鉴定小黑杨的花芽分化相关 miRNA，我们利用高通量测序技术构建了花

芽 3 个发育时期（花粉发育的早期、中期、晚期）的 sRNA 文库。叶芽和茎尖中的 sRNA 作为对照组，同时进行了测序。3 个花芽时期测序分别产生了 13 083 117 个、12 226 778 个和 10 968 154 个总片段（total read）。去掉接头、插入片段、poly（A）尾巴和小于 18nt 的 RNA 片段，分别得到了 12 836 872 个、11 667 180 个和 10 672 763 个高质量的 18～30nt 的过滤片段（clean read）（表 4-1）。对照组经过处理得到了 10 565 194 个和 12 757 305 个 total read。无论是叶芽、茎尖，还是三个时期的花芽，clean read 所占百分比都超过了 95%，说明测序数据结果质量较高。

表 4-1 测序数据统计

片段类型	叶芽 数量（百分比）	茎尖 数量（百分比）	花芽 1 数量（百分比）	花芽 2 数量（百分比）	花芽 3 数量（百分比）
总片段	10 565 194	12 757 305	13 083 117	12 226 778	10 968 154
高质量片段	10 539 338（100%）	12 727 140（100%）	13 034 770（100%）	12 193 875（100%）	10 937 792（100%）
3′端无效适配器片段	2 491（0.02%）	3 569（0.03%）	4 492（0.03%）	3 413（0.03%）	2 092（0.02%）
无效插入片段	3 131（0.03%）	1 765（0.01%）	3 228（0.02%）	3 175（0.03%）	1 900（0.02%）
5′端无效适配器片段	47 058（0.45%）	24 755（0.19%）	35 147（0.27%）	25 352（0.21%）	6 430（0.06%）
小于 18nt 片段	175 955（1.67%）	304 457（2.39%）	153 781（1.18%）	493 992（4.05%）	254 113（2.32%）
poly（A）	389（0）	430（0）	1 250（0.01%）	763（0.01%）	521（0）
过滤片段	10 310 314（97.83%）	12 392 164（97.37%）	12 836 872（98.48%）	11 667 180（95.68%）	10 672 763（97.58%）

注：花芽 1、2、3 分别表示花芽 3 个不同发育阶段：花芽发育早期、中期和晚期

sRNA 的长度一般在 18～30nt，长度的频率分布可以在一定程度上反映 sRNA 的种类，且植物中 sRNA 的长度分布峰值在 21nt 或 24nt。本次测序每个样品文库的高质量 sRNA 中，都有将近 70% 具有 20～24nt 的长度，这个长度是 Dicer 酶剪切产物的典型长度范围（Henderson et al.，2006），miRNA 就包括在其中。叶芽和茎尖中 sRNA 的长度主要集中在 21nt，分别占 43.1% 和 49.3%。在花芽发育过程中，21nt 长度的 sRNA 比例降低，而 24nt 长度的比例提高，花芽发育早期几乎都是 24nt 的 sRNA（图 4-1），在中期和晚期的样品中，尽管都出现了两个峰值，但中期最多的仍是 24nt 的 sRNA，而晚期最多的则是 21nt 的 sRNA。这同样说明测序结果质量较高。

4.1.2.2 花芽、茎尖和叶芽中 sRNA 的基因组比对

一般来说，测序生成的 sRNA 文库在组成上是很复杂的，除了 miRNA 和 siRNA，还包括大量的由其他编码和非编码转录产物降解形成的片段（Kato et al.，2009；Reddy et al.，2009）。因此，为了注释 18～30nt 的 sRNA，我们首先通过

SOAP 程序将它们定位到毛果杨基因组中（Li et al.，2008），结果见表 4-2，花芽三个时期比对上基因组的 sRNA 分别占 66.80%、66.33%和 76.06%，叶芽和茎尖分别占 73.38%和 77.23%。

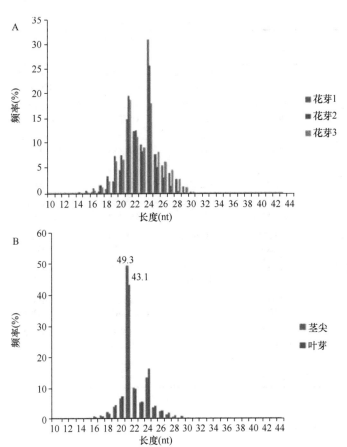

图 4-1　花芽、茎尖和叶芽样品中 sRNA 的长度分布（彩图请扫封底二维码）

A. 花芽中 sRNA 的长度分布；B. 茎尖中 sRNA 的长度分布

表 4-2　各样品比对上基因组的统计分析

指标	叶芽 数量（百分比）	茎尖 数量（百分比）	花芽 1 数量（百分比）	花芽 2 数量（百分比）	花芽 3 数量（百分比）
sRNA 总量	10 310 314 （100%）	12 392 164 （100%）	12 836 872 （100%）	11 667 189 （100%）	10 672 736 （100%）
比对上基因组 部分	7 566 081 （73.38%）	9 570 218 （77.23%）	8 574 719 （66.80%）	7 738 963 （66.33%）	8 117 484 （76.06%）

除此之外，我们去除了已知的非编码 RNA 序列，包括 rRNA、tRNA、snRNA 和 snoRNA（表 4-3）。最后，我们从三个花芽时期分别获得了 433 399 个、600 010

个和 658 792 个 miRNA，分别占 18～30nt 总 sRNA 的 3.38%、5.14%和 6.17%。从茎尖和叶芽中分别获得 4 762 404 个和 3 258 746 个 miRNA，分别占 18～30nt 总 sRNA 的 38.43%和 31.61%。

表 4-3　sRNA 序列统计

片段类型	花芽 1 数量（百分比）	花芽 2 数量（百分比）	花芽 3 数量（百分比）	茎尖数量（百分比）	叶芽数量（百分比）
总 sRNA 片段	13 083 117（100%）	12 226 778（100%）	10 968 154（100%）	12 757 305（100%）	10 565 194（100%）
高质量片段	13 034 770（99.63%）	12 193 875（99.73%）	10 937 792（99.72%）	12 727 140（99.76%）	10 539 338（99.75%）
具有 18~30 个核苷酸的片段	12 836 872（98.48%）	11 667 180（95.68%）	10 672 736（97.58%）	12 392 164（77.23%）	10 310 314（73.38%）
与基因组匹配的片段	8 574 719（66.80%）	7 738 963（66.33%）	8 117 484（76.06%）	9 570 218（77.23%）	7 566 081（73.38%）
RNA 核糖体	6 625 404（51.61%）	5 594 054（47.94%）	6 791 352（63.63%）	3 588 700（28.96%）	2 964 003（28.75%）
外显子-反义链	79 521（0.62%）	82 089（0.7%）	42 707（0.4%）	77 810（0.63%）	84 143（0.82%）
外显子-有义链	157 988（1.23%）	166 065（1.42%）	144 486（1.35%）	151 836（1.23%）	161 104（1.56%）
内含子-反义链	176 654（1.38%）	343 285（2.94%）	227 883（2.14%）	201 832（1.63%）	205 612（1.99%）
内含子-有义链	274 727（2.14%）	251 459（2.16%）	127 607（1.2%）	212 652（1.72%）	238 257（2.31%）
miRNA	433 399（3.38%）	600 010（5.14%）	658 792（6.17%）	4 762 404（38.43%）	3 258 746（31.61%）

4.1.2.3　花芽、茎尖和叶芽中已知 sRNA 的鉴定

在 miRNA 数据库 miR-Base 中将候选 sRNA 定位到前体序列中，如表 4-4 所示，在花芽和对照组中鉴定了 305 个已知 sRNA（kn-miR），在花芽发育三个时期分别鉴定了 193 个、201 个和 173 个，在叶芽和茎尖中分别鉴定了 193 个和 200 个。

表 4-4　花芽、茎尖和叶芽样品中鉴定出来的 kn-miR

	miRNA	匹配上 miRNA 前体的唯一 sRNA	匹配上 miRNA 前体的总 sRNA
miR-Base 中已知的 miRNA	305		
花芽 1	193	1 403	433 481
花芽 2	201	1 561	600 637
花芽 3	173	1 317	659 079
叶芽	193	2 104	4 762 615
茎尖	200	1 894	3 258 943

4.1.2.4   已知 miRNA 的差异表达和聚类分析

基于深度测序，利用差异表达分析揭示了三个花芽时期 miRNA 表达水平的差异。大多数 miRNA 在花芽三个时期的表达量与茎尖和叶芽相比都有所降低（图4-2）。聚类分析结果也表明，大多数 miRNA 与对照相比都是下调表达（图4-3）。

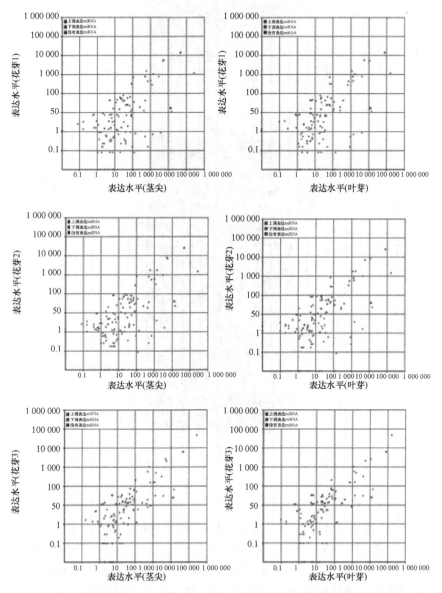

图 4-2   三个时期花芽各 miRNA 相对于叶芽和茎尖的表达水平（彩图请扫封底二维码）
横轴表示茎尖或叶芽的表达水平；纵轴表示三个时期花芽的表达水平

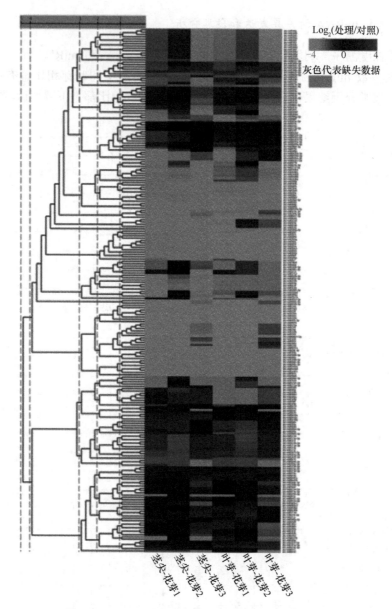

图 4-3　miRNA 的聚类分析（彩图请扫封底二维码）

　　miR156 在拟南芥（Wu et al.，2009；Wu and Poethig，2006）和玉米（Chuck et al.，2007）茎早期发育过程中呈现高表达的趋势，在向成年转变时表达量有所下降。*miR156* 的持续表达延长了植物的青年时期，而 *miR156* 表达量的减少加快了植物向营养生长阶段的转变，证明了 *miR156* 在这个转变中起着关键的调控作用。*miR156e* 的差异表达倍数（fold change）值（$\log_2$ 花芽/茎尖表达量和 $\log_2$ 花芽

/叶芽表达量）在花芽早期分别是-9.77 和-9.66，在中期分别是-8.54 和 8.43，在晚期分别为-9.16 和-9.05。*miR156a~miR156i* 的表达水平与对照相比下调（图 4-3），这与差异表达分析结果相一致。另外，只有一少部分 miRNA 没有检测到，说明大多数 miRNA，无论上调还是下调，在花发育中都可能具有一定的调控作用。

miR172 是已知的与花发育相关的重要 miRNA。本研究中，*miR172a、miR172b、miR172c、miR172f* 的表达量在花芽早、中期中并没有明显变化，而在晚期与营养组织中的表达量相比有所增加。然而，*miR172h* 在早、中期上调表达，但晚期没有表达。*miR164* 和 *miR171* 通过 Northern 杂交技术（RNA 印迹法）（Válóczi et al., 2006）被证实在烟草花粉中有所表达，而 *miR164* 也在后来被证实在拟南芥的花粉中有所表达（Sieber et al., 2007）。*miR167* 的积累量随昼夜循环有所波动，白天增加，晚上减少（Siré et al., 2009）。花芽中 *miR167f* 的表达水平与茎尖相比没有明显变化，但与叶芽相比有一点点下调的趋势。然而，*miR167g* 和 *miR167h* 在开花过程中均有上调趋势。*miR393* 对植物氮响应途径具有独特的调控作用，可以控制拟南芥根系响应氮的发育。在聚类分析中，*miR393a~miR393c* 在花芽中均具有下调表达的趋势。

4.1.2.5　已知 miRNA 的 GO 富集分析

图 4-4 展示了每个组织中 miRNA 的 GO 富集因子。5 个组织中最高的富集因子是营养器官的转变（GO：0010050），叶芽、茎尖和花芽三个发育时期的值分别是 62.01685、60.65385、62.19155、61.75664 和 60.98895；第二高的是氮响应（GO：0010167）；第三是木质素代谢过程（GO：0009808）。

4.1.2.6　花发育相关 miRNA 的 qRT-PCR 分析

为了证实鉴定的 miRNA 在 3 个花芽发育时期的表达水平发生变化，通过 qRT-PCR 分析了 6 个直接或间接与开花相关的 miRNA，这里同样以叶芽和茎尖作

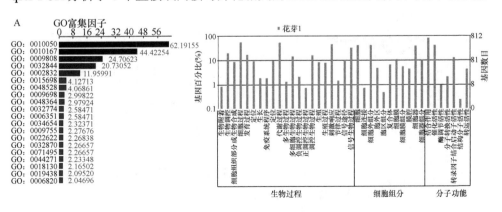

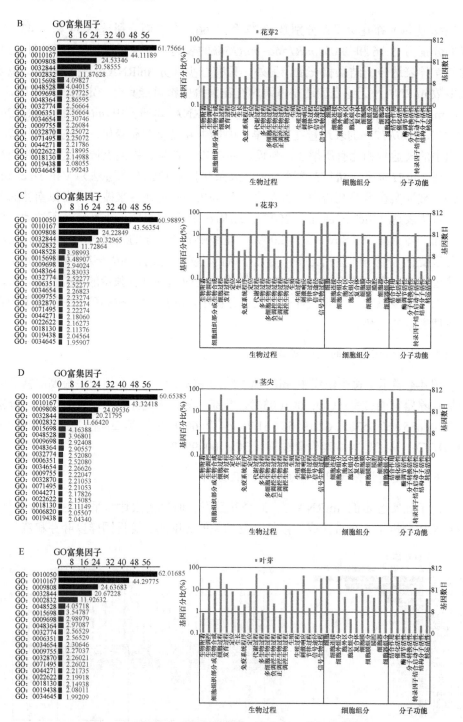

图 4-4　各样品 GO 富集因子和 3 个条目下的靶基因数量

A～C. 三个时期的花芽；D 和 E. 茎尖和叶芽

为对照组。在这些 miRNA 中，miR167f 和 miR171e 上调表达，而 miR156c、miR169a 和 miR393a 下调表达（图 4-5）。miR167f 的表达水平随着花芽发育而逐渐增加。尽管 miR164a 在花芽发育中与对照相比表达量下调，但是仍然具有上升的趋势。总的结果与聚类分析结果相一致，证明了本研究的数据结果可信性较高。

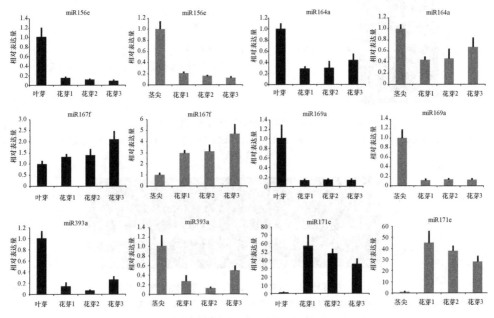

图 4-5 6 个花芽发育相关 miRNA 的 qRT-PCR 验证

5.8S rRNA 作为 qRT-PCR 的内参，实验进行三次生物学重复

4.1.2.7　去帽法 5′-RACE（rapid amplification of cDNA end）验证

预测得到的 Ptr-miR172d 靶基因中，大多数是 AP2 类（Apetala2-like）基因，其中只有一个 Potri.001G454500.1 不属于 AP2 类基因，它属于 Trihelix 家族。而且 Potri.001G454500.1 在拟南芥中的同源基因为 *AtGTL1*，在毛白杨中的同源基因为 *PtaGTL1*，因此在大青杨中我们命名该基因为 *PuGTL1*。利用去帽法 5′-RACE 技术在大青杨中对 *Pu-miR172d* 是否作用于下游 *PuGTL1* 基因进行实验验证。

去帽法 5′-RACE 实验结果如图 4-6 所示，从中可以看出，*Pu-miR172d* 确实可以切割大青杨 *PuGTL1*，切割位点位于 *Pu-miR172d* 第 10 位碱基处。

4.1.2.8　Pu-miR172d 与其靶基因之间相互作用的验证

1. pBI121-*Pu-miR172d* 过表达载体的构建

根据 *Pu-miR172d* 前体序列在大青杨基因组中的位置设计引物，提取大青杨基因组，通过 PCR 扩增获得目的条带，胶回收以后连接到克隆载体上，转化至大肠杆菌中，通过菌液 PCR 鉴定出阳性重组子，结果如图 4-7 所示。

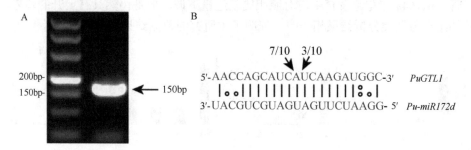

图 4-6   *Pu-miR172d* 切割 *PuGTL1* 位点的实验验证

A. *PuGTL1* 的去帽法 5′-RACE 电泳结果；B. *Pu-miR172d* 对 *PuGTL1* 切割的位点，箭头和数字表示相应位置测序的单克隆个数

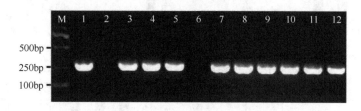

图 4-7   大青杨 *Pu-miR172d* 连接克隆载体的 PCR 鉴定

M. DL2000 DNA marker；1. *Pu-miR172d* 基因胶回收片段；2. 水作为模板进行 PCR 扩增条带；3~12. *Pu-miR172d* 构建到 T 载体转入菌液 PCR 扩增条带

目的条带正确的菌液送去生物公司测序，并且与毛果杨 *Ptr-miR172d* 前体序列进行比对。结果如图 4-8 所示，大青杨 *Pu-miR172d* 前体序列与毛果杨 *Ptr-miR172d* 几乎完全一致，只有 2 个碱基存在差异，相似性达到了 99.9%。

图 4-8   *Pu-miR172d* 与 *Ptr-miR172d* 序列比对（彩图请扫封底二维码）

蓝色带是没有比对上的序列，下同

根据 *Pu-miR172d* 前体序列和植物表达载体 pBI121 的多克隆位点，在 *Pu-miR172d* 前体序列上下游引物的 5′端分别加上核酸内切酶 *Xba*I 和 *Sal*I，并以上述 *Pu-miR72d* 连接克隆载体的 PCR 引物为模板进行 PCR 扩增，目的条带胶回收，将载体和基因双酶切，连接到表达载体上，转化至大肠杆菌中。通过 Kan 抗性筛选得到阳性重组子进行 PCR 检测，结果如图 4-9 所示，目的条带位置正确，送至

生物公司进行测序, 测序结果与 *Ptr-miR172d* 前体序列完全一致, 证明 pBI121-*Pu-miR172d* 过表达载体构建成功。

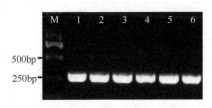

图 4-9　pBI121-*Pu-miR172d* 质粒的 PCR 鉴定

M. DL2000 DNA marker; 1~6. pBI121-*Pu-miR172d* 载体转入大肠杆菌中的 PCR 扩增条带

提取 pBI121-*Pu-miR172d* 质粒, 采用液氮法转入农杆菌感受态细胞中, 以菌液为模板, 进行 PCR 检测, 结果如图 4-10 所示。从中看到, 目标条带位置正确, 保存菌种备用。

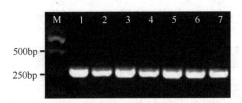

图 4-10　含 pBI121-*Pu-miR172d* 载体农杆菌的 PCR 检测

M. DL2000 DNA marker; 1~7. pBI121-*Pu-miR172d* 载体转入农杆菌中的 PCR 扩增条带

2. pBI121-*PuGTL1* 过表达载体的构建

根据毛果杨 *PtrGTL1* 的序列设计引物, 提取大青杨 RNA 并反转录为 cDNA, 通过 PCR 扩增获得目的条带, 胶回收以后连接到克隆载体上, 转化至大肠杆菌中, 通过菌液 PCR 鉴定出阳性重组子。将目的条带正确的菌液送去生物公司测序, 并且与毛果杨 *PtrGTL1* 序列进行比对。结果如图 4-11 所示, 大青杨 *PuGTL1* 序列与毛果杨 *PtrGTL1* 序列相似性达到了 95%以上。

根据大青杨 *PuGTL1* 序列和植物表达载体 pBI121 的多克隆位点, 在 *PuGTL1* 上下游引物的 5′端分别加上核酸内切酶 *Xba*I 和 *Sal*I, 并以上述 *PuGTL1* 连接克隆载体的 PCR 引物为模板进行 PCR 扩增, 目的条带胶回收, 将载体和基因双酶切, 连接到表达载体上, 转化至大肠杆菌中。通过 Kan 抗性筛选得到阳性重组子进行 PCR 检测, 结果如图 4-12 所示, 将目的条带位置正确的菌液送至生物公司进行测序, 测序结果与 *PuGTL1* 完全一致, 证明 *PuGTL1* 过表达载体构建成功。

提取 pBI121-*PuGTL1* 质粒, 采用液氮法转入农杆菌感受态细胞中, 以菌液为模板, 进行 PCR 检测, 结果如图 4-13 所示。从中看到, 目标条带位置正确, 保存菌种备用。

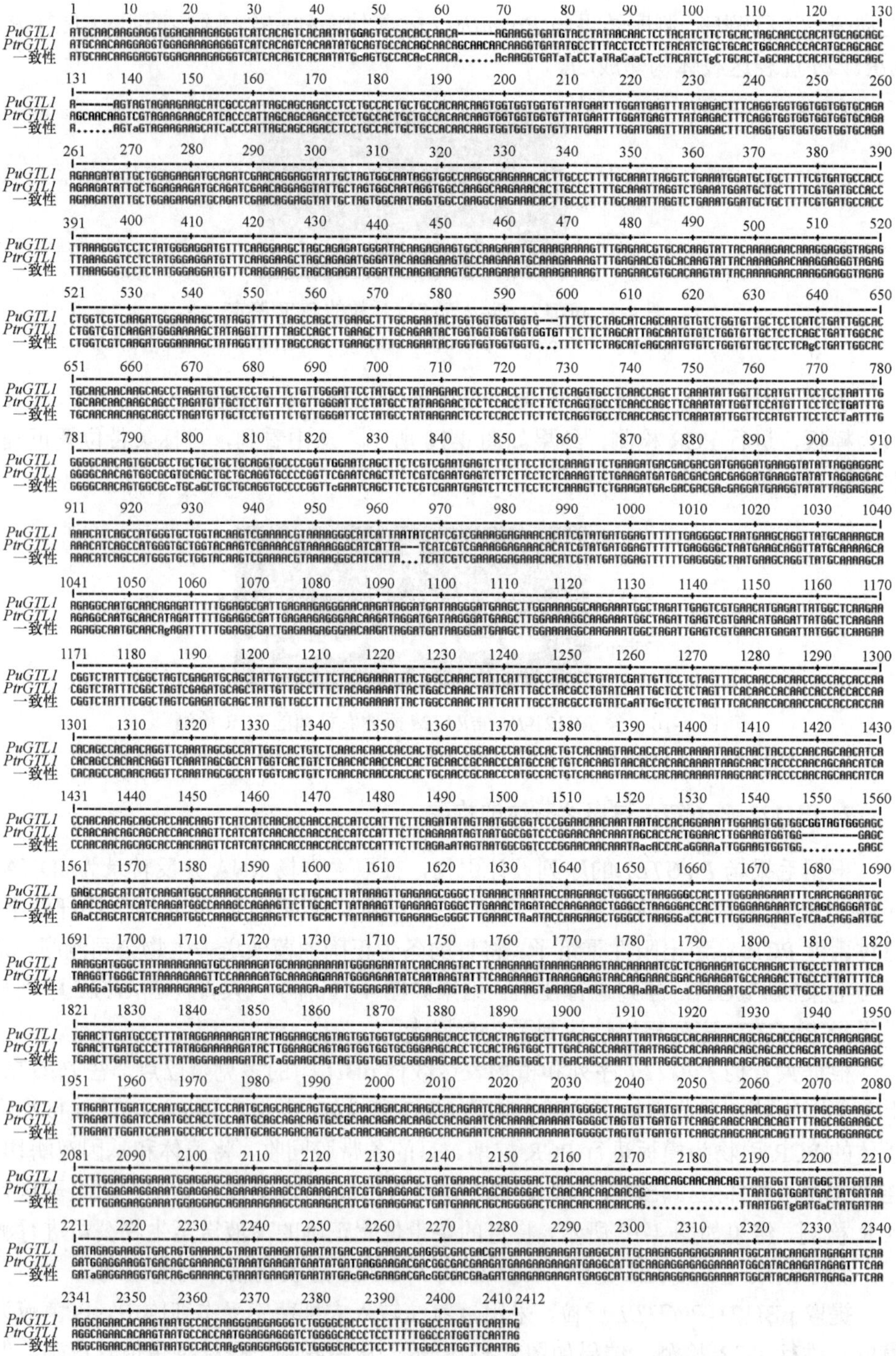

图 4-11 *PuGTL1* 与 *PtrGTL1* 序列比对（彩图请扫封底二维码）

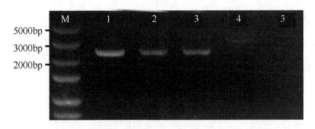

图 4-12 pBI121-*PuGTL1* 质粒的 PCR 鉴定

M. DL5000 DNA marker；1~5. pBI121-*PuGTL1* 载体转入大肠杆菌中的 PCR 扩增条带

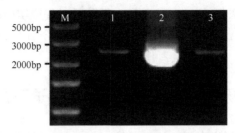

图 4-13 含 pBI121-*PuGTL1* 载体农杆菌 PCR 检测

M. DL5000 DNA marker；1~3. pBI121-*PuGTL1* 载体转入农杆菌中的 PCR 扩增条带

3. *Pu-miR172d* 与 *PuGTL1* 的相互作用

用携带不同质粒的农杆菌瞬时侵染大青杨后，对 *PuGTL1* 表达量进行测定，结果如图 4-14 所示。从图 4-14 中可看出，当转入空载体和 *PuGTL1* 过表达载体时，*PuGTL1* 上调极显著，而将空载体与 *Pu-miR172d* 过表达载体或是将 *Pu-miR172d*

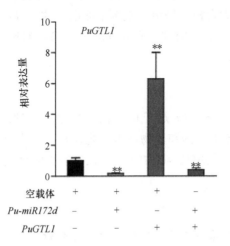

图 4-14 瞬时侵染大青杨后 *PuGTL1* 的表达水平

PuActin 作为 qRT-PCR 的内参；实验进行三次生物学重复；星号表示应用 t 检验（*表示 $P < 0.05$，**表示 $P < 0.01$）进行数据显著性分析，下同

和 *PuGTL1* 过表达载体同时转入大青杨中，*PuGTL1* 的表达量极显著下降，说明 *PuGTL1* 受 *Pu-miR172d* 所调控，并且 *Pu-miR172d* 可引起 *PuGTL1* 极显著下调，暗示着 *PuGTL1* 为 *Pu-miR172d* 下游靶基因。

4.1.3 小结

本节我们对小黑杨三个花芽发育时期的 sRNA 进行高通量测序分析，靶基因预测结果显示 Pu-miR172d 除了包括 AP2 类转录因子之外，还有一个 Trihelix 家族成员 *GTL1*，并通过去帽法 5′-RACE 和农杆菌瞬时侵染实验验证了这一结果，首次在大青杨中发现了 miR172 的一个全新靶基因，为今后对 miR172 进行研究奠定了实践基础。

4.2 大青杨 Pu-miR172d 在干旱胁迫下的功能研究

我们预测并验证了大青杨 *PuGTL1* 是 *Pu-miR172d* 的靶基因，接下来将分别对 *Pu-miR172d* 和 *PuGTL1* 进行功能研究。

4.2.1 实验材料

4.2.1.1 植物材料

大青杨（*Populus ussuriensis*）无菌组培苗及大青杨土培苗。

将生长 70d 的大青杨土培苗从土壤中取出，放在温度为 25℃、相对湿度为 50%、弱光的环境中，处理时间分别为 0h、3h、6h、12h、24h 和 48h，然后取第 7～8 片叶，−80℃保存。

4.2.1.2 菌株与载体

大肠杆菌感受态 Trans5α 购于北京全式金生物技术股份有限公司，克隆载体 pCloneEZ-TOPO 购自中美泰和生物技术（北京）有限公司，根癌农杆菌 EHA105 菌株由本实验室保存，pBI121-*GFP* 和 pBI121-*GUS* 载体由本实验室保存。

4.2.2 实验结果与分析

4.2.2.1 杨树 *miR172* 家族在干旱胁迫下的表达分析

1. 毛果杨 *miR172* 家族的多序列比对

将 *Ptr-miR172a*、*Ptr-miR172c～g*、*Ptr-miR172i*、*Ptr-miR172n*、*Ptr-miR172o*

的前体序列用 ClustalX1.83 进行多序列比对，利用 BioEdit7.1 进行手动校正，结果如图 4-15 所示。从中可看出，大青杨 *miR172* 家族各成员成熟序列保守性很高。

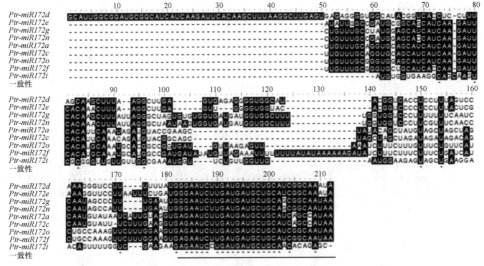

图 4-15　毛果杨 *miR172* 家族多序列比对（彩图请扫封底二维码）

2. 大青杨 *miR172* 家族的表达分析

为了研究杨树 *miR172* 家族在干旱胁迫下的表达水平，我们对大青杨 *miR172* 家族进行了 qRT-PCR 分析，结果如图 4-16 所示。由其可知，大青杨 *miR172* 家族成员在干旱胁迫下均有上调表达的趋势，其中 *Pu-miR172d* 在胁迫时间内均极显著上调表达，且上调倍数较高，说明大青杨 *miR172* 家族可以响应干旱胁迫。

3. *Pu-miR172d* 在不同茎节位置叶片中的表达

取生长 70d 的大青杨土培苗不同茎节位置的叶片进行 qRT-PCR，观察 *Pu-miR172d* 表达量变化，结果如图 4-17 所示。从中可看出，大青杨 *Pu-miR172d* 在第 1～4 片幼叶中的表达水平与下面叶子相比较较高，到第 5 片叶表达量极显著下降，之后逐渐降低。

4.2.2.2　*Pu-miR172d* 启动子的获得与转基因检测

1. 植物表达载体 pBI121-*Pu-miR172dpro*∶∶*GUS* 的获得

根据 *Ptr-miR172d* 在基因组中的位置，找到其前 2000bp 位置的启动子序列并设计引物。以提取的大青杨 DNA 为模板，通过 PCR 克隆出 *Pu-miR172d* 启动子序列，胶回收，连接到克隆载体上，转化至大肠杆菌 Trans5α 感受态细胞中，通过菌液 PCR 鉴定出阳性重组子（图 4-18），将其送去生物公司进行测序。

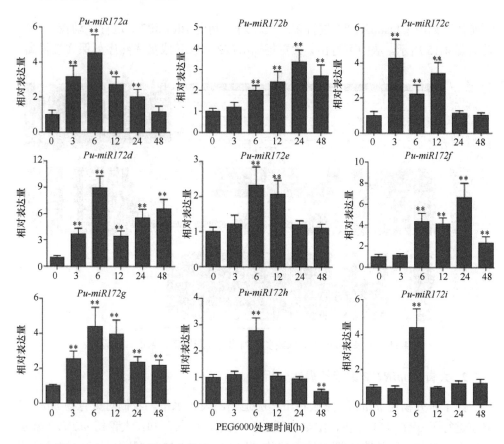

图 4-16 qRT-PCR 分析大青杨 *miR172* 家族在 PEG6000 渗透胁迫下的表达水平

5.8S rRNA 作为 qRT-PCR 的内参；实验进行三次生物学重复

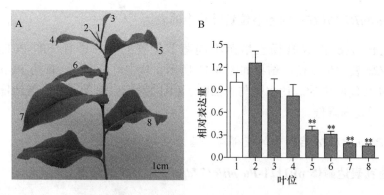

图 4-17 大青杨 *Pu-miR172d* 在不同茎节位置叶片中的表达

A. 叶片位置定义；B. 不同叶片中 *Pu-miR172d* 的表达水平；*5.8S rRNA* 作为 qRT-PCR 的内参；实验进行三次生物学重复

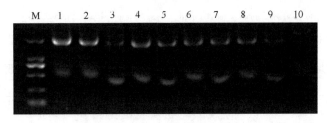

图 4-18　*Pu-miR172d* 启动子菌液 PCR 鉴定

M. DL2000 DNA marker；1~10. pBI121-*Pu-mi172dpro∷GUS* 载体转入大肠杆菌中的 PCR 扩增条带

测序成功后，根据 pBI121-*GUS* 载体的多克隆位点及 *Pu-miR172d* 启动子序列的特点设计含酶切位点引物，以上述克隆 PCR 产物为模板进行 PCR 扩增，胶回收，将载体和启动子胶回收产物同时双酶切、连接，转化到大肠杆菌 Trans5α 感受态细胞中，对 PCR 鉴定得到的阳性重组子进行测序，与毛果杨数据库进行比对，如图 4-19 所示，从中可看出，二者的相似度很高，pBI121-*Pu-miR172dpro∷GUS* 表达载体构建完成。

Ptr-miR172dpro
Pu-miR172dpro
一致性

（DNA 序列比对图，碱基序列 1~1560，略）

图中序列比对部分：

```
        1561    1570    1580    1590    1600    1610    1620    1630    1640    1650    1660    1670    1680    1690
Ptr-miR172dpro  AAAGTATTTGCTCATCCTTAAACCCAGGGCATGTCGGCTTGTTGTTCTTATTACCAATCCTGAAAGCCACCACTCCAGCATAACTTTTTTTTTTATGCGTGTGTTTAATAATAATATTAATATTATGCATGATGTTTTTTT
Pu-miR172dpro   AAAGTATTTGCTCATCCTTAAACCCAGGGCATGTCGGCTTGTTGTTCTTATTACCAATCCTGAAAGCCACCACTCCAGCATAACTTTTTTTTTTATGCGTGTGTTTAATAATAATATTAATATTATGCATGATGTTTTTTT
一致性          AAAGTATTTGCTCATCCTTAAACCCAGGGCATGTCGGCTTGTTGTTCTTATTACCAATCCTGAAAGCCACCACTCCAGCATAACTTTTTTTTTTATGCGTGTGTTTAATAATAATATTAATATTATGCATGATGTTTTTTT

        1691    1700    1710    1720    1730    1740    1750    1760    1770    1780    1790    1800    1810    1820
Ptr-miR172dpro  AAAAAATAATTTTTAA---TTAAAAATACAAGTATATTAGGGAGGAACAAACAGGTACAAGACTTCTGGCGGTCTGTTGTAGTTTTGCCTTTCATTCTTGCTTTTTCCCCCCTCCGGTTTAACCTATAGCCAG
Pu-miR172dpro   AAAAAATAATTTTTAAGTTAACCATTTTATATTAGGGAGGAACAAACAGGTACAAGACTTCACGGTCAGTTGTAGTTTTGCCTTTCATTCTTGCTTTTTCCCCCCTCCGGTTTAACCTATAGCCAG
一致性          AAAAAATAATTTTTAA...TTAAAAATACAAGTATATTAGGGAGGAACAAACAGGTACAAGACTTCTcACGGTCAGTTGTAGTTTTGCCTTTCATTCTTGCTTTTTCCCCCCTCCGGTTTAACCTATAGCCAG

        1821    1830    1840    1850    1860    1870    1880    1890    1900    1910    1920    1930    1940    1950
Ptr-miR172dpro  TGGGACTCTCCTATATAGCATCAATGATGTTAATTCCAGTTGGCTTAATTACTATGTCATTAATCATATTCGTTCCTTTTCCTTACTTTTGCTTCATACGTTATAATTTTCGCATTAGGGTCAG
Pu-miR172dpro   TGGGACTCTCCTATATAGCTTCACA....TTTATTCCAGTTGGGTATTTGTTAATTACTATGTCATTAATCATATTCGTTCCTTTTCCTTACTTTTGCTTCATACGTTATAATTTTCGCATTAGGGTCAG
一致性          TGGGACTCTCCTATATAGCTTCACA....TTTATTCCAGTTGGGTATTTGTTAATTACTATGTCATTAATCATATTCGTTCCTTTTCCTTACTTTTGCTTCATACGTTATAATTTTCGCATTAGGGTCAG

        1951    1960    1970    1980    1990    2000 2003
Ptr-miR172dpro  GGTCGGTCCATTAATACTCATGGAAAGGTCGATCTGATCTCAAGACCCATCAGTCT
Pu-miR172dpro   GGTCGGTCCATTAATACTCATGGAAAGGTCGATCTGATCTCAAGACCCATCAGTCT
一致性          GGTCGGTCCATTAATACTCATGGAAAGGTCGATCTGATCTCAAGACCCATCAGTCT
```

图 4-19　大青杨 *Pu-miR172d* 启动子和毛果杨 *Ptr-miR172d* 启动子序列比对（彩图请扫封底二维码）

2. *Pu-miR172dpro*：*GUS* 转基因大青杨的筛选和检测

将构建好的 pBI121-*Pu-miR172dpro*：*GUS* 表达载体通过液氮法转入农杆菌中，通过叶盘法转化至大青杨中。首先进行抗性芽筛选，抗性霉素为 Kan，如图 4-20A 所示，大约一个月以后，获得抗性芽（图 4-20B），在含有 50mg/L Kan 的抗性培养基中继续培养，最终获得 17 个抗性株系。然后在含有 Kan 抗性霉素的生根培养基中进行生根培养，最终获得 *Pu-miR172dpro*：*GUS* 转基因大青杨（图 4-20C）。

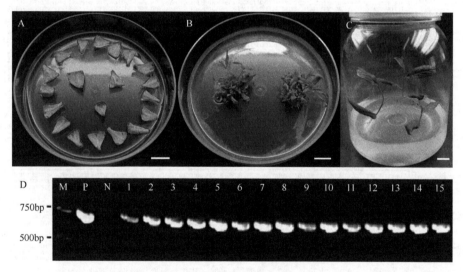

图 4-20　*Pu-miR172dpro*：*GUS* 在大青杨中的遗传转化及检测（标尺=1cm）（彩图请扫封底二维码）
A. *Pu-miR172dpro*：*GUS* 转化叶片的抗性筛选；B. 丛生芽的抗性筛选；C. 抗性苗的生根培养；D. 转基因植株的 DNA 检测；M. DL2000 DNA marker；P. 阳性对照；N. 阴性对照；1~15. *Pu-miR172dpro*：*GUS* 大青杨转基因株系提取 RNA 作为模板进行 PCR 扩增

提取 17 个 *Pu-miR172dpro*：*GUS* 转基因大青杨的 DNA，并以 pBI121-*GUS* 质粒为模板作为阳性对照，以 WT 基因组为模板作为阴性对照，进行 PCR 检测，结果如图 4-20D 所示。由其可知，阳性对照的 pBI121-*GUS* 质粒能扩增出特异条带，而阴性对照未能检测出目的条带，Kan 筛选的 17 个植株中，有 15 个植株可以扩增出与阳性对照片段大小一致的条带，获得了 15 个 *Pu-miR172dpro：：GUS* 转基因株系。

3. *Pu-miR172d* 启动子的表达分析

将生长 3 周的 *Pu-miR172dpro：：GUS* 转基因大青杨放入 β-葡萄糖苷酸酶基因（GUS）染液中进行染色，结果如图 4-21 所示。植株颜色加深的部位主要为叶片气孔，说明大青杨 *Pu-miR172d* 主要在气孔中表达。

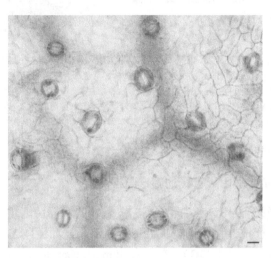

图 4-21　*Pu-miR172d* 启动子转基因植株的 GUS 染色（标尺=10μm）（彩图请扫封底二维码）

4.2.2.3　*Pu-miR172d* 过表达载体的构建

Pu-miR172d 过表达载体在 4.1.2.8 节已构建完成。

4.2.2.4　*STTM172d* 抑制表达载体的构建

将 pBI121 载体进行人为改造，在 35S rRNA 的启动子后再串联一个 35S rRNA 的启动子，形成具有双启动子的 d35S rRNA，PCR 检测结果表明改造成功（图 4-22A）。

设计针对 *Pu-miR172d* 的特异性 *STTM*（short tandem target mimic）序列，与改造后的 d35S-pBI121 载体同时双酶切，利用 DNA 连接酶进行连接，PCR 检测结果如图 4-22B 所示。将阳性克隆送去生物公司测序，与设计的 STTM 序列比对，结果如图 4-22C 所示，序列几乎完全一致。将测序正确的阳性克隆转入农杆菌中，PCR 检测结果如图 4-22D 所示，从中可以看出，目的条带位置正确，说明重组载体构建成功。

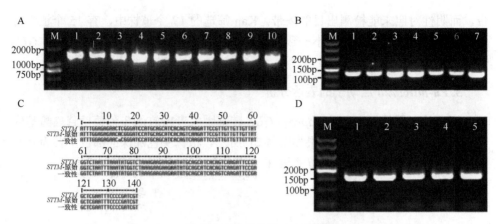

图 4-22 *STTM172d* 抑制表达载体的构建（彩图请扫封底二维码）

A. pBI121 载体的改造，M 为 DL2000 DNA marker，1~10 为构建好的载体进行 PCR 检测；B. *STTM* 连接 d35S-pBI121 后的 PCR 检测结果，M 为 DL500 DNA marker，1~7 为 *Pu-miR172d* 的特异性 *STTM* 序列构建到 d35S-pBI121 载体上转入大肠杆菌进行 PCR 检测；C. *STTM* 序列比对；D. *STTM172d* 转农杆菌后的 PCR 检测结果，M 为 DL500 DNA marker，1~5 为 *STTM172d* 重组载体转入农杆菌中进行 PCR 检测

4.2.2.5 转基因大青杨的筛选与检测

1. *Pu-miR172d* 转基因大青杨的筛选与检测

我们将构建好的含 pBI121-*Pu-miR172d* 载体的农杆菌通过叶盘法转入大青杨组培苗中。首先进行抗性芽筛选，抗性霉素为 Kan，如图 4-23A 所示，大约一个月以后，获得抗性芽（图 4-23B），在含有 50mg/L Kan 的抗性培养基中继续培养，最终获得 21 个抗性株系。然后在含有 Kan 抗性霉素的生根培养基中进行生根培养，最终获得 *Pu-miR172d* 转基因大青杨（图 4-23C）。

提取 21 个 pBI121-*Pu-miR172d* 转基因大青杨和野生型大青杨的基因组，并以 pBI121-*GFP* 质粒为模板作为阳性对照，以 WT 基因组为模板作为阴性对照，进行 PCR 检测，结果如图 4-23D 所示。由其可知，阳性对照 pBI121-*GFP* 质粒能扩增出特异条带，而野生型植株的 DNA 未能检测出目的条带，检测的 21 个转基因植株中，有 19 个植株可以扩增出与阳性对照片段大小一致的条带，说明这 19 个抗性植株基因组中含有目的基因。然后提取这 19 株幼苗的 RNA，反转录成 cDNA，利用 qRT-PCR 测定 *Pu-miR172d* 的表达水平，如图 4-23E 所示。结果显示，这 19 株幼苗中的表达量比 WT 高出 2~20 倍，其中 OE5、OE7、OE12 这三个株系表达量较高，均达到了 WT 的 7 倍以上，因此选用这三个株系进行后续实验。

2. *STTM172d* 转基因大青杨的筛选与检测

我们将构建好的 *STTM172d* 农杆菌通过叶盘法转入大青杨组培苗中。首先进

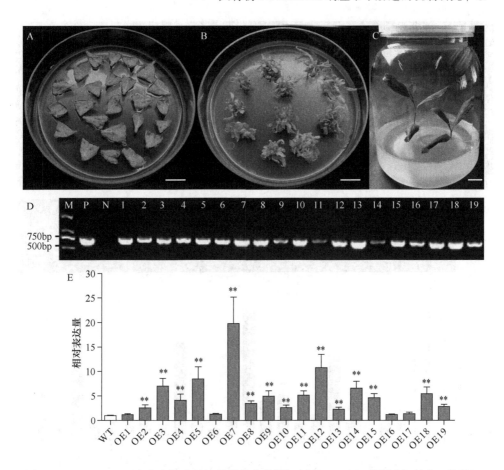

图 4-23 *Pu-miR172d* 在大青杨中的遗传转化和检测（标尺=1cm）（彩图请扫封底二维码）

A. *Pu-miR172d* 转化叶片的抗性筛选；B. 丛生芽的抗性筛选；C. 抗性苗的生根培养；D. 转基因植株的 DNA 检测，M 为 DL2000 DNA marker，P 为阳性对照，N 为阴性对照，1~19 为 *Pu-miR172d* 大青杨转基因株系提取 DNA 作为模板进行 PCR 扩增；E. 转基因植株中 *Pu-miR172d* 的表达量；*5.8S rRNA* 作为 qRT-PCR 的内参；实验进行 3 次生物学重复

行抗性芽筛选，抗性霉素为 Kan，如图 4-24A 所示，约一个月后，叶片上长出抗性芽（图 4-24B），在含有 50mg/L Kan 的抗性培养基中继续培养，最终获得 22 个抗性株系。然后在含有 Kan 抗性霉素的生根培养基中进行生根培养，最终获得 *STTM172d* 转基因大青杨株系（图 4-24C）。

提取 22 个 *STTM172d* 转基因大青杨株系和 WT 的基因组，并以 pBI121-*GFP* 质粒为模板作为阳性对照，以 WT 基因组 DNA 为模板作为阴性对照，进行 PCR 检测，结果如图 4-24D 所示。由其可知，阳性对照 pBI121-*GFP* 质粒能扩增出特异条带，而野生型植株的 DNA 未能检测出目的条带，检测的 22 个转基因植株中，全部可以扩增出与阳性对照片段大小一致的条带，说明这 22 个抗性植株基因组中

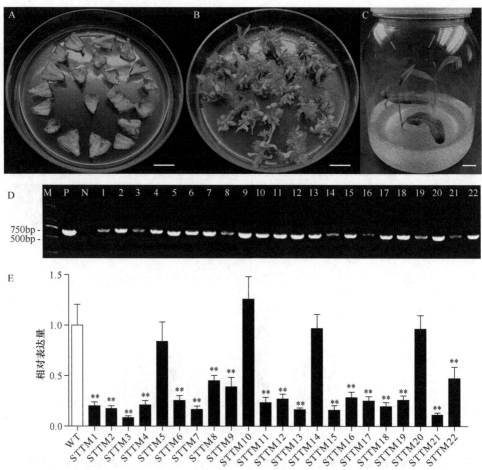

图 4-24　*STTM172d* 在大青杨中的遗传转化和检测（标尺=1cm）（彩图请扫封底二维码）
A. *STTM172d* 转化叶片的抗性筛选；B. 丛生芽的抗性筛选；C. 抗性苗的生根培养；D. 转基因植株的 DNA 检测，M 为 DL2000 DNA marker，P 为阳性对照，N 为阴性对照，1~22 为 *STTM172d* 大青杨转基因株系提取 DNA 作为模板进行 PCR 扩增 *5.8S rRNA* 作为 qRT-PCR 的内参；E. 转基因植株中 *STTM172d* 的表达量，实验进行三次生物学重复

含有目的基因。然后提取这 22 株幼苗的 RNA，反转录成 cDNA，利用 qRT-PCR 测定 *STTM172d* 的表达水平，如图 4-24E 所示。结果显示，大多数幼苗中的表达量比 WT 低，其中 STTM3、STTM15、STTM21 这三个株系表达量较低，均在 WT 的 1/4 以下，因此选用这三个株系进行后续实验。

4.2.2.6　*Pu-miR172d* 转基因大青杨组培苗经渗透胁迫的表型观察和生理生化指标测定

1. *Pu-miR172d* 转基因大青杨组培苗经渗透胁迫的表型观察

　　将长势相同的生长 3 周的转 pBI121-*Pu-miR172d* 和 *STTM172d* 大青杨及 WT 组培苗分别转入含有 7% PEG6000 的生根培养基中培养 7d，观察长势情况，结果如图 4-25 所示。由其可看出，在渗透胁迫条件下，*Pu-miR172d* 过表达大青杨株系长势优于野生型，而 *Pu-miR172d* 抑制表达大青杨株系长势与野生型相似。观察各株系的生根情况，发现 *Pu-miR172d* 过表达株系生根情况优于 WT，而 *Pu-miR172d* 抑制表达株系生根情况与 WT 相似，生根受到明显抑制。随后计算各植株的生根率，如图 4-26 所示，结果显示 *Pu-miR172d* 过表达株系生根率明显高于 WT，90% 以上组培苗都可以生根，而 *Pu-miR172d* 抑制表达株系和 WT 生根率都在 70% 以下。

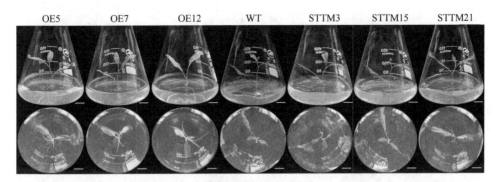

图 4-25　WT 和 *Pu-miR172d* 转基因大青杨组培苗经渗透胁迫后的表型观察（标尺=1cm）
（彩图请扫封底二维码）

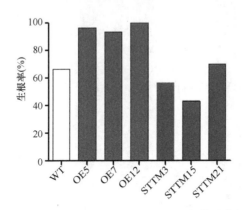

图 4-26　WT 和 *Pu-miR172d* 转基因大青杨各植株的生根率统计

2. *Pu-miR172d* 转基因大青杨组培苗经渗透胁迫后的组织化学染色

（1）DAB 染色

植物细胞在受损时会释放 H_2O_2，受损越重，释放的 H_2O_2 越多。而释放出的 H_2O_2 可以氧化 DAB，形成棕色沉淀，因此可以根据染色深浅程度来判断植物受损程度。分别将生长 3 周的 pBI121-*Pu-miR172d* 和 *STTM172d* 转基因大青杨及野生型大青杨组培苗置于含 7% PEG6000 的生根培养基中胁迫 7d，取叶片用 DAB 染色，结果如图 4-27A 所示。从中可以看出，非胁迫条件下，WT 和各转基因株系叶片颜色基本无明显差异，说明 H_2O_2 含量大致相同。渗透胁迫 7d 以后，WT 和各转基因株系的叶片颜色均加深，但是过表达株系叶片颜色加深程度较 WT 和抑制表达株系叶片要小，而 WT 和抑制表达株系相比，颜色无明显差异，说明渗透胁迫对各植株均产生伤害，但过表达株系产生的 H_2O_2 较 WT 和抑制表达株系少，受损程度较小。

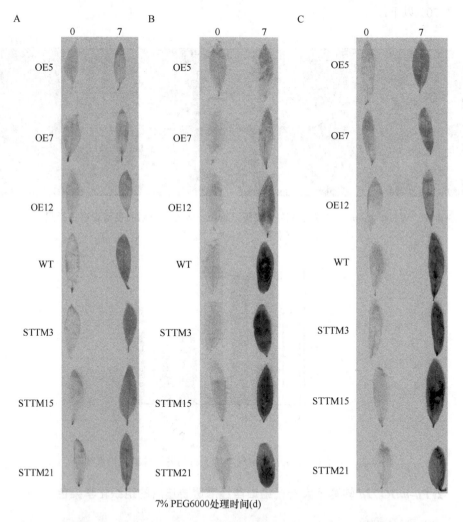

图 4-27　渗透胁迫下 *Pu-miR172d* 转基因大青杨组织化学染色分析（彩图请扫封底二维码）

A. DAB 染色；B. NBT 染色；C. Evans blue 染色

（2）NBT 染色

超氧阴离子（$O_2^{\cdot-}$）对植物的损伤很大，它能与 NBT 结合，将黄色的 NBT

还原成蓝色聚合物，因此根据蓝色的深浅程度，即可判断 O_2^- 的含量。分别将生长 3 周的 *Pu-miR172d* 和 *STTM172d* 转基因大青杨及 WT 组培苗在含 7% PEG6000 的生根培养基中胁迫 7d，取叶片进行 NBT 染色，结果如图 4-27B 所示。由其可见，非胁迫条件下，WT 和各转基因株系叶片颜色无明显差异，说明 O_2^- 含量大致相同。渗透胁迫 7d 后，WT 和各转基因株系的叶片颜色均加深，但是过表达株系叶片颜色加深程度较 WT 和抑制表达株系叶片要小，而 WT 和抑制表达株系相比，颜色无明显差异，说明渗透胁迫使各植株 O_2^- 含量均有所升高，但过表达株系受损程度较 WT 和抑制表达株系要轻。

（3）伊文思蓝（Evans blue）染色

植物中的活细胞或组织可以代谢 Evans blue 染料，而死细胞则不能代谢该染料，会直接被染成蓝色，因此可以根据染色深浅程度来判断细胞死亡程度。分别将生长 3 周的 pBI121-*Pu-miR172d* 和 *STTM172d* 转基因大青杨及 WT 组培苗置于含 7% PEG6000 的生根培养基中胁迫 7d，取叶片进行 Evans blue 染色，结果如图 4-27C 所示。从中可以看出，非胁迫条件下，WT 和各转基因株系叶片颜色无明显差异，说明细胞活性很高。渗透胁迫 7d 后，WT 和各转基因株系的叶片颜色均加深，但是过表达株系叶片颜色加深程度较 WT 和抑制表达株系叶片要小，而 WT 和抑制表达株系相比，颜色无明显差异，说明渗透胁迫可增加植株细胞死亡量，但过表达株系细胞死亡程度较 WT 和抑制表达株系要小得多。

3. *Pu-miR172d* 转基因大青杨组培苗经渗透胁迫后的生理生化指标测定

（1）SOD（超氧化物歧化酶）活性测定

SOD 可以清除超氧阴离子（O_2^-），抵御活性氧或者其他过氧化物自由基对细胞膜系统产生的伤害，从而提高植物的抗逆性。SOD 活性测定结果如图 4-28A 所示，非胁迫条件下，WT 和 *Pu-miR172d* 转基因株系的 SOD 活性差不多。渗透胁迫后，WT 和 *Pu-miR172d* 转基因株系 SOD 活性显著上升，其中过表达株系 SOD 活性高于 WT 和抑制表达株系，而抑制表达株系 SOD 活性则与 WT 相差不大。

（2）POD（过氧化物酶）活性测定

POD 可降低植物体受到的氧自由基伤害，是一种重要的抗逆保护酶。POD 活性测定结果如图 4-28B 所示，非胁迫条件下，WT 和 *Pu-miR172d* 转基因株系的 POD 活性相差不大。渗透胁迫后，WT 和 *Pu-miR172d* 转基因株系 POD 活性显著上升，其中过表达株系 POD 活性高于 WT 和抑制表达株系，而抑制表达株系 POD 活性则与 WT 基本一致。

（3）MDA（丙二醛）含量测定

植物遭受逆境胁迫时会受到伤害，发生膜脂过氧化反应，产生一系列有害代谢产物，MDA 便是其中之一。MDA 含量测定结果如图 4-28C 所示，正常条件下，

WT 和 *Pu-miR172d* 转基因株系的 MDA 含量基本一致。渗透胁迫后，WT 和 *Pu-miR172d* 转基因株系 MDA 含量显著上升，但过表达株系上升的程度明显低于 WT 和抑制表达株系，而抑制表达株系则与 WT 无明显差异。

（4）EL（电导率）测定

植物在逆境胁迫下，细胞膜受损导致电解质外渗增加，电导率升高。电导率测定结果如图 4-28D 所示，从中可以得出，正常条件下，WT 和 *Pu-miR172d* 转基因株系的 EL 差不多。渗透胁迫后，WT 和 *Pu-miR172d* 转基因株系 EL 显著上升，但过表达株系上升的程度明显低于 WT 和抑制表达株系，而抑制表达株系则与 WT 差别不显著。

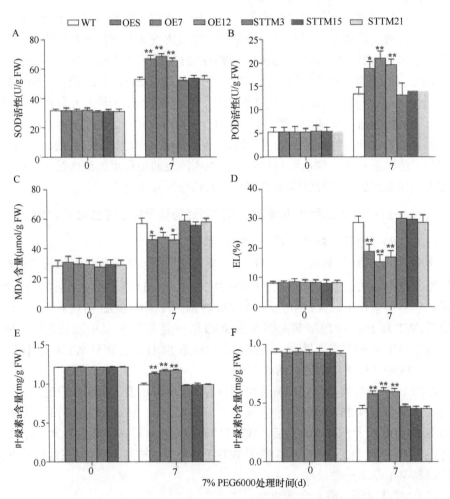

图 4-28　渗透胁迫前后 WT 和 *Pu-miR172d* 转基因株系生理生化指标测定

（彩图请扫封底二维码）

（5）叶绿素含量测定

植物遭受逆境胁迫以后，叶片中叶绿素（包括叶绿素 a 和叶绿素 b）含量会有所下降。叶绿素含量的测定结果如图 4-28E 和 F 所示，正常生长条件下，WT 和 *Pu-miR172d* 转基因株系的叶绿素 a 与叶绿素 b 含量基本一致。渗透胁迫下，WT 和 *Pu-miR172d* 转基因株系叶绿素 a 与叶绿素 b 含量均有所降低，但过表达株系的叶绿素含量下降程度低于 WT 和抑制表达株系，而抑制表达株系与 WT 差别不大。

4.2.2.7　*Pu-miR172d* 转基因大青杨土培苗的表型观察和指标分析

1. *Pu-miR172d* 转基因大青杨土培苗的表型观察

将生长 3 周的 *Pu-miR172d* 转基因大青杨和野生型大青杨组培苗分别移栽至温室中，70d 后观察表型及进行株高测量。从图 4-29 和图 4-30 可以明显看到，WT 和 *Pu-miR172d* 抑制表达株系的株高没有明显区别，而 *Pu-miR172d* 过表达株系极显著矮于 WT 和 *Pu-miR172d* 抑制表达株系，大约矮化 33%。

图 4-29　WT 和 *Pu-miR172d* 转基因大青杨土培苗的株高表型（标尺=5cm）

2. *Pu-miR172d* 转基因大青杨土培苗的气孔指标分析

剪取生长 70d 的 WT 和 *Pu-miR172d* 转基因大青杨植株由上而下的第 7～8 片成熟叶在光学显微镜下观察气孔数目和形态，如图 4-31 所示。总体来看，*Pu-miR172d* 过表达株系气孔数目明显比 WT 少，*Pu-miR172d* 抑制表达株系则与 WT 相差不大，各转基因株系和 WT 的气孔形状并无明显差异。

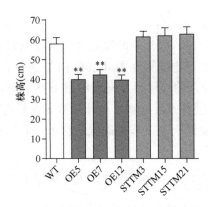

图 4-30 WT 和 *Pu-miR172d* 转基因大青杨土培苗的株高测定

实验进行 30 次生物学重复

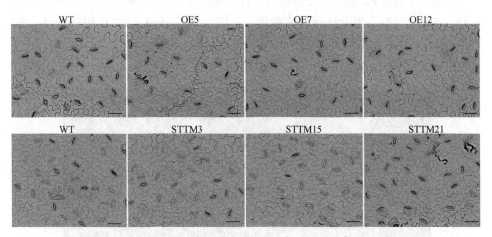

图 4-31 *Pu-miR172d* 转基因株系与 WT 气孔对比（标尺=50μm）

随即我们统计了 WT 和 *Pu-miR172d* 转基因株系的气孔密度、大小与开度，如图 4-32 所示。分析统计结果发现，*Pu-miR172d* 过表达株系的气孔密度极显著小于 WT 和 *Pu-miR172d* 抑制表达株系，WT 和 *Pu-miR172d* 抑制表达株系气孔密度无明显差异。WT 和 *Pu-miR172d* 转基因株系在气孔大小和气孔开度方面没有明显区别。

3. *Pu-miR172d* 转基因大青杨土培苗的光合指标分析

选取 30 株生长 70d 的野生型大青杨及 *Pu-miR172d* 过表达和抑制表达大青杨植株由上而下的第 7～8 片成熟叶，在每天上午 9～11 点，测定叶片净光合速率、气孔导度和蒸腾速率，并计算瞬时水分利用率，结果如图 4-33 所示。由其可看出，随着 CO_2 浓度的增加，*Pu-miR172d* 过表达植株的净光合速率（A）、气孔导度（Gs）和蒸腾速率（Tr）均极显著低于 *Pu-miR172d* 抑制表达株系与 WT，而瞬时水分利用率（WUEi）则高于 *Pu-miR172d* 抑制表达株系和 WT。

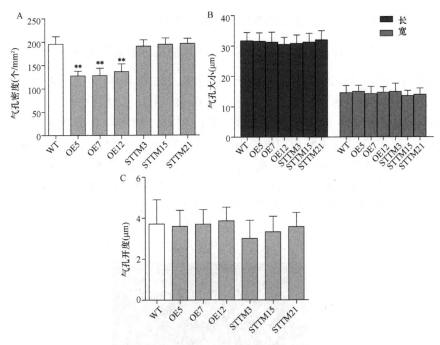

图 4-32 *Pu-miR172d* 转基因株系与 WT 株系气孔密度、大小和开度测定

实验进行 30 次生物学重复

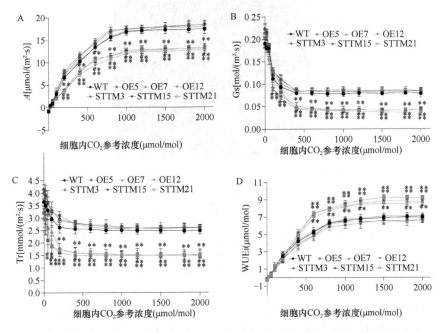

图 4-33 *Pu-miR172d* 转基因株系与 WT 株系光合指标分析（彩图请扫封底二维码）

实验进行三次生物学重复

4.2.2.8 *Pu-miR172d* 转基因大青杨在干旱胁迫下的表型观察和指标分析

1. *Pu-miR172d* 转基因大青杨土培苗在干旱胁迫下的表型观察

WT 和 *Pu-miR172d* 转基因植株土培苗生长 70d 以后停止浇水 7d，然后恢复浇水 2d 后，观察各株系的表型，如图 4-34 所示。由其可知，干旱胁迫 7d 以后，无论是 *Pu-miR172d* 转基因株系还是 WT 植株，均有一定程度的萎蔫，但 *Pu-miR172d* 过表达株系萎蔫程度最小，叶片没有全部失水变干，而 *Pu-miR172d* 抑制表达株系和 WT 植株萎蔫程度较高，大部分叶片出现失水变干的现象。当复水以后，*Pu-miR172d* 过表达株系可以恢复至正常生长状态，而 *Pu-miR172d* 抑制表达株系和 WT 植株受干旱胁迫影响较大，不能进行正常生长。

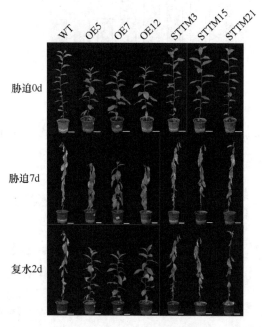

图 4-34　WT 和 *Pu-miR172d* 转基因大青杨土培苗在干旱胁迫后的表型观察（标尺=5cm）
（彩图请扫封底二维码）
所有植株干旱胁迫 7d 后再重新浇水 2d

2. *Pu-miR172d* 转基因大青杨土培苗在干旱胁迫下的生理生化指标分析

WT 和 *Pu-miR172d* 转基因植株土培苗生长 70d 以后停止浇水 4d，取自上而下的第 7～8 片叶子，测定叶片相对含水量（Relative water content，RWC）、EL 及 MDA、H_2O_2 含量，结果如图 4-35 所示。从中可看出，非胁迫条件下，WT 和 *Pu-miR172d* 转基因株系的叶片相对含水量相差不大；干旱胁迫下，*Pu-miR172d* 转基因株系叶片相对含水量均有所下降，但过表达株系叶片相对含水量极显著高于 WT 和抑制表达株系。非胁迫条件下，WT 和转基因株系的 EL 及 MDA、H₂O₂含量差别也并不明显；而干旱胁迫后，WT 和转基因株系的 EL 及 MDA、H₂O₂含量均有所上升，但过表达株系的上升程度明显低于 WT 和抑制表达株系，说明过表达株系在受到干旱胁迫时抵御损伤的能力更大，抗逆性更强。

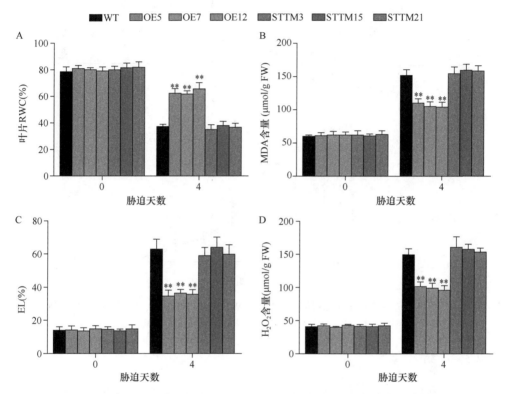

图 4-35　干旱胁迫前后 WT 和 *Pu-miR172d* 转基因株系生理生化指标测定（彩图请扫封底二维码）
实验进行三次生物学重复

3. *Pu-miR172d* 转基因大青杨土培苗在干旱胁迫下的光合指标分析

对生长 70d 的野生型大青杨及 *Pu-miR172d* 过表达和抑制表达大青杨植株停止浇水 7d，选取自下而上的第 7～8 片成熟叶，在每天上午 9～11 点，测定叶片净光合速率、气孔导度和蒸腾速率，结果如图 4-36 所示。从中可看出，由于 *Pu-miR172d* 过表达植株气孔密度少，胁迫前 3d 其净光合速率、气孔导度和蒸腾速率均低于 WT 和 *Pu-miR172d* 抑制表达株系。当干旱胁迫 3d 后，由于 WT 和 *Pu-miR172d* 抑制表达株系受损程度较过表达植株高，生长受到严重抑制，最终叶片净光合速率、气孔导度和蒸腾速率这三个指标均低于 *Pu-miR172d* 过表达植株。

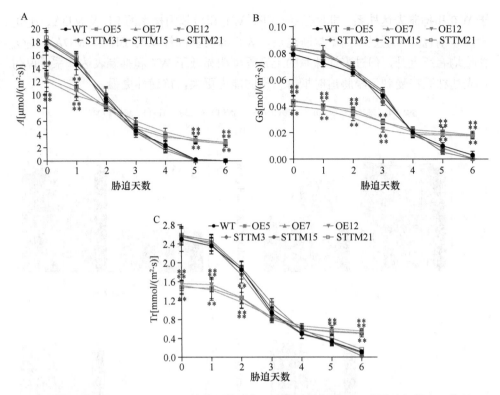

图 4-36 干旱胁迫下 *Pu-miR172d* 转基因株系与 WT 光合指标分析（彩图请扫封底二维码）

实验进行三次生物学重复

4.2.3 小结

本节分析了各表型观察和生理生化指标测定结果，发现 *Pu-miR172d* 的过表达可以通过减少气孔密度来降低蒸腾速率，并能提高瞬时水分利用率，最终使植株抗旱性得到明显提高，这也为今后研究 miR172 响应干旱胁迫的分子机制奠定了重要的理论和实践基础。

4.3 Pu-miR172d 调控下游基因的分析鉴定

4.3.1 实验材料

4.3.1.1 植物材料

生长 70d 的野生型和 *Pu-miR172d* 过表达转基因大青杨土培苗。

4.3.1.2 分子试剂与化学药品

RNA 反转录试剂盒和 qRT-PCR 检测试剂盒均购自北京全式金生物技术股份有限公司，其他药品试剂均为进口或国产分析纯。

4.3.2 实验结果与分析

4.3.2.1 转录组测序结果评估

分别取生长 70d、干旱胁迫前后的 *Pu-miR172d* 过表达转基因大青杨及野生型大青杨土培苗，从上而下将第 7~8 片叶子取下，进行 RNA 提取、RNA 质量检测、文库构建和质控、上机测序、数据质控、序列比对和表达量估计，最终获得了可用于后续分析的过滤数据（clean data）。各样品数据统计见表 4-5。每个样品进行三次重复。从表 4-5 中可以看出，每个样品的过滤数据占原始数据（raw data）的比例均高于 90%，且每个样品 Q30 碱基百分比均不小于 92.35%，说明测序数据合格，可用于后续分析。

表 4-5　测序数据统计表

	样品	低质量序列比例（%）	污染接头比例（%）	过滤数据比例（%）	Q30（%）
胁迫前	C1-1	0.70	1.80	97.49	94.87
	C1-2	0.69	1.87	97.43	94.83
	C1-3	0.56	1.80	96.63	95.04
	T1-1	0.95	1.21	96.83	92.35
	T1-2	0.62	1.86	97.51	94.97
	T1-3	0.4	1.87	97.48	94.8
胁迫后	C2-1	0.41	1.92	94.65	95.78
	C2-2	0.14	1.60	94.98	95.74
	C2-3	0.43	1.90	93.66	95.77
	T2-1	0.48	1.34	96.16	95.66
	T2-2	0.52	1.30	94.17	95.59
	T2-3	0.42	1.14	94.43	95.81

注：C1 和 C2 分别代表 WT 在正常条件和干旱胁迫后的叶片样品，T1 和 T2 分别代表 *Pu-miR172d* 过表达植株在正常条件和干旱胁迫后的叶片样品。

4.3.2.2 差异基因鉴定

设定|log$_2$ FC（fold change，差异表达倍数）| ≥ 1 和 FDR（false discovery rate，错误发现率）≤ 0.05 两个转录组数据差异基因选择参数，依据转录组数据选择差异基因，最终筛选出 T1 和 C1 之间的差异基因有 159 个，其中上调基因 118 个，

下调基因 41 个。T2 和 C2 之间的差异基因有 3928 个,其中上调基因 2180 个,下调基因 1748 个。二者之间重叠的差异基因共有 37 个,干旱胁迫后差异基因数目明显增多(图 4-37 和表 4-6)。

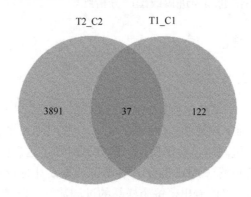

图 4-37　组间差异基因韦恩图

表 4-6　组间差异基因数目对比

组名	T1 和 C1	T2 和 C2
上调	118	2180
下调	41	1748
总差异表达基因	159	3928

4.3.2.3　GO 分类结果分析

将胁迫前 T1 和 C1 样品之间的差异基因进行 GO 分类,结果如图 4-38 所示。从中可看出,在生物过程中,差异基因在代谢过程(metabolic process)、细胞进程(cellular process)、外界刺激响应(response to stimulus)和生物调控(biological regulation)途径富集比较多。

T1 和 C1 样品之间的差异基因在生物进程中 FDR≤0.05 的 GO 条目如表 4-7 所示,主要包括三羧酸生物合成过程(tricarboxylic acid biosynthetic process)、发育进程负调控(negative regulation of developmental process)、烟草胺代谢和合成进程(nicotianamine metabolic and biosynthetic process)及光强响应(response to light intensity)等。这些结果暗示着 *Pu-miR172d* 过表达引起气孔密度改变后,造成了一些光合作用和植物发育相关基因表达量的改变。

在 T1 和 C1 之间的差异基因中,我们可以找到一些主要与光合作用和植物发育相关的基因(表 4-8),如 Potri.002G119400 直接参与光合作用,Potri.003G071100、Potri.009G072900、Potri.010G150400 和 Potri.017G016900 直接影响光强响应,

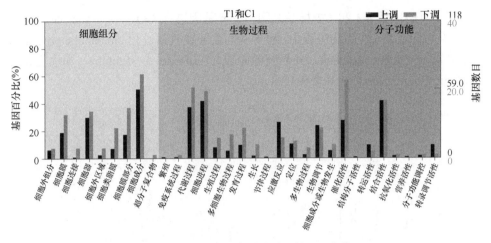

图 4-38 T1 和 C1 中差异基因的 GO 分类

表 4-7 T1 和 C1 中差异基因在生物进程中 FDR≤0.05 的条目

描述	登录号	FDR
三羧酸生物合成过程	GO：0072351	0.035730983
发育进程负调控	GO：0051093	0.035730983
烟草胺代谢进程	GO：0030417	0.035730983
烟草胺合成进程	GO：0030418	0.035730983
多细胞生物过程负调控	GO：0051241	0.035730983
光强响应	GO：0009642	0.045903794

Potri.003G050900 参与调控特定的水分运输，Potri.015G128400 和 Potri.016G043200 会对碳水化合物的代谢和运输造成影响。

表 4-8 T1 和 C1 中与光合作用相关的差异基因

基因登录号	log_2FC	FDR	描述
Potri.002G119400	1.474226552	4.21E−05	光合作用
Potri.003G071100	1.142246452	0.003226593	光强响应
Potri.009G072900	1.564406385	3.54E−07	光强响应
Potri.010G150400	1.945758547	7.30E−11	光强响应
Potri.013G014400	1.293189666	0.000646232	光强响应
Potri.017G016900	1.068908601	0.011893312	光强响应
Potri.015G120100	1.146612015	0.021604058	碳水化合物结合
Potri.003G050900	−1.120977196	0.002832553	特定的水分运输
Potri.015G128400	−1.426648011	0.000271528	碳水化合物代谢
Potri.016G043200	−1.074900215	0.031817523	碳水化合物运输

将干旱胁迫后 T2 和 C2 样品之间的差异基因进行 GO 分类，结果如图 4-39 所示。从中可看出，在生物进程中，差异基因主要在代谢过程（metabolic process）、细胞进程（cellular process）、外界刺激响应（response to stimulus）和生物调控（biological regulation）途径富集较多。

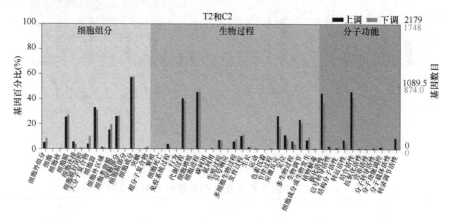

图 4-39　T2 和 C2 中差异基因的 GO 分类

T2 和 C2 样品之间的差异基因在生物进程中 FDR≤0.05 的 GO 条目如表 4-9 所示。其中除了一些与光合作用、有机物质代谢相关的 GO 条目，如光合作用（photosynthesis）、光保护作用（photoprotection）、碳水化合物代谢进程（carbohydrate metabolic process）和光强响应（response to light intensity）等，还包括如外界刺激响应（response to external stimulus）、非生物胁迫响应（response to abiotic stimulus）及渗透胁迫响应（response to osmotic stress）等与干旱胁迫相关的 GO 条目。

随后，我们又从 T2 和 C2 之间的差异基因中发现了大量的与光合作用、有机物质代谢及干旱胁迫相关的重要基因，见表 4-10，如参与光合作用的 Potri.013G138766、Potri.014G017300、Potri.003G065200 等，参与碳水化合物代谢的 Potri.001G255200、Potri.001G153800、Potri.003G159800 等，以及参与缺水胁迫响应和渗透胁迫响应的 Potri.016G069400、Potri.009G147700、Potri.T093800 等。从这些结果可以看到，干旱胁迫后，*Pu-miR172d* 过表达除了可以通过调控气孔发育引起光合作用和有机物质代谢相关基因的表达，也可以诱导干旱胁迫相关基因的显著表达，从而提高植物的抗旱性。

4.3.2.4　qRT-PCR 验证转录组测序结果

为了验证转录组数据的准确性，随机选取了 16 个与光合作用相关的基因，对其进行 qRT-PCR 验证。干旱胁迫前 16 个基因均不是差异基因。干旱胁迫后，各基因的 $\log_2 FC$ 见表 4-11。

表 4-9 T2 和 C2 中差异基因在生物进程中 FDR≤0.05 的条目

描述	登录号	FDR
光合作用	GO: 0015979	1.215 69E−11
几丁质响应	GO: 0010200	1.215 69E−11
光合作用	GO: 0009765	5.856 65E−10
光合作用, 光照系统 I 中的采光	GO: 0009768	4.907 39E−08
外界刺激响应	GO: 0050896	6.336 24E−05
碳水化合物代谢	GO: 0005975	0.000 142 994
碳水化合物代谢	GO: 0044262	0.001 188 022
非生物胁迫响应	GO: 0009628	0.003 881 529
外界刺激响应	GO: 0009605	0.003 966 966
光保护作用	GO: 0010117	0.008 085 575
非生物或生物胁迫响应	GO: 0006950	0.011 912 453
光系统 I 中的光合电子传输	GO: 0009773	0.021 094 389
缺水胁迫响应	GO: 0009415	0.022 264 686
碳水化合物分解代谢	GO: 0016052	0.022 580 182
缺水胁迫响应	GO: 0009414	0.023 479 107
光强响应	GO: 0009642	0.029 378 882
光系统 II 稳定	GO: 0042549	0.029 604 228
碳水化合物分解代谢	GO: 0044275	0.030 461 148
渗透胁迫响应	GO: 0006970	0.047 267 080

表 4-10 T2 和 C2 中与光合作用和干旱胁迫相关的差异基因

基因名	$\log_2 FC$	FDR	描述
Potri.001G255200	4.283 000 584	4.42E−08	碳水化合物代谢
Potri.009G027700	4.160 144 471	1.03E−10	氧化胁迫响应
Potri.013G135600	3.798 014 996	4.03E−26	缺水胁迫响应
Potri.001G153800	3.779 236 93	1.22E−13	碳水化合物结合
Potri.003G159800	3.219 995 91	2.99E−13	碳水化合物稳态
Potri.016G069400	3.194 902 204	7.71E−10	缺水胁迫响应
Potri.009G147700	3.180 080 882	3.92E−07	缺水胁迫响应
Potri.019G102200	3.076 537 489	8.62E−08	缺水胁迫响应
Potri.013G138766	2.897 162 94	3.43E−05	光合作用
Potri.002G203500	2.672 804 355	5.11E−08	氧化胁迫响应
Potri.014G017300	2.649 220 277	2.23E−11	光合作用
Potri.003G065200	2.588 000 44	0.000 734 623	光合作用
Potri.010G089800	2.583 251 942	8.43E−09	缺水胁迫响应
Potri.016G132800	2.515 550 986	0.005 917 426	氧化胁迫响应

基因名	$\log_2 FC$	FDR	描述
Potri.013G141800	2.504 146 346	0.000 226 901	光合作用
Potri.T093800	2.482 413 89	4.26E-06	渗透胁迫响应
Potri.003G148900	2.352 336 194	0.013 240 831	光合作用
Potri.001G278600	2.314 396 519	8.44E-09	氧化胁迫响应
Potri.005G002200	2.299 087 793	5.94E-07	缺水胁迫响应
Potri.005G172200	1.276 419 041	6.58E-05	渗透胁迫响应
Potri.019G028100	1.274 345 383	0.043 769 223	光合作用
Potri.002G088900	1.271 557 021	0.000 116 963	渗透胁迫响应
Potri.010G002500	1.250 055 779	0.001 099 383	渗透胁迫响应
Potri.002G119500	1.078 817 526	8.01E-05	光合作用
Potri.009G157700	1.077 850 963	0.026 702 649	光合作用
Potri.010G118000	1.039 285 389	0.026 554 892	渗透胁迫响应

表 4-11　16 个与光合作用相关的差异基因

基因名	$\log_2 FC$
PuPsbR	-2.421 898 666
PuPsaK	-2.410 192 752
PuCP26	-2.051 236 835
PuPsbQ	-2.030 103 604
PuPsaH	-1.896 008 722
PuPsbW	-1.889 153 468
PuPsaN	-1.836 647 393
PuPsbP	-1.811 658 889
PuPsbY	-1.675 697 666
PuPsaE	-1.650 271 509
PuMSP	-1.647 319 694
PuPsaD	-1.493 319 756
PuPsaL	-1.474 286 363
PuPsaF	-1.400 013 81
PuPGR5	-1.352 759 002
PuPsb28	-1.279 401 769

定量结果显示，16 个基因中只有 1 个基因上调或下调趋势与转录组测序数据不符，正确率超过了 93%，说明该转录组测序结果较为准确（图 4-40）。

4.3.2.5　Pu-miR172d 靶基因 PuGTL1 的表达分析

在第 2 章我们已经通过实验验证 PuGTL1 为 Pu-miR172d 所调控的下游靶基因，然而在转录组差异基因数据中并没有发现 PuGTL1，所以我们猜测 PuGTL1

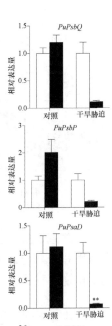

图 4-40　qRT-PCR 验证转录组测序数据

可能具有组织表达特异性。我们对大青杨土培苗不同位置叶片进行取材（自上而下第 1～8 片叶，图 4-41A），利用 qRT-PCR 观察 *PuGTL1* 表达量。从定量结果我们可以看到，由于 *PuGTL1* 是 Pu-miR172d 的靶基因，在 *Pu-miR172d* 过表达植株中，*PuGTL1* 相比 WT 极显著下调，但其主要在第 1～5 片相对较嫩的幼叶中表达显著下降，说明该基因具有组织表达特异性（图 4-41B）。

4.3.3　小结

本节利用高通量测序技术对 WT 和 *Pu-miR172d* 过表达植株的差异基因进行

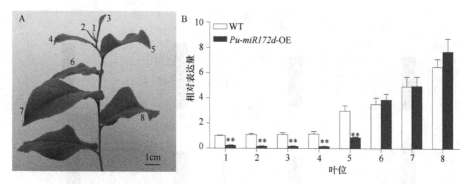

图 4-41　*Pu-miR172d* 过表达大青杨不同叶片 *PuGTL1* 的表达水平

A. 叶片位置定义；B. *PuGTL1* 在 WT 和 *Pu-miR172d* 过表达株系不同位置叶片中的表达量

了鉴定，并且通过对差异基因进行显著性富集分析及 GO 分类，挖掘了大量的与光合作用和干旱胁迫响应相关的基因，为今后研究气孔发育和干旱胁迫响应分子机制及抗逆育种提供了丰富的基因资源。

4.4　大青杨 PuGTL1 在干旱胁迫下的功能研究

4.4.1　实验材料

大青杨（*Populus ussuriensis*）无菌组培苗及土培苗。

4.4.2　实验结果与分析

4.4.2.1　*PuGTL1*-SRDX 抑制表达载体的构建

以大青杨基因组为模板，通过 PCR 扩增获得 *PuGTL1* 目的条带，胶回收以后连接到克隆载体上，转化至大肠杆菌中，通过菌液 PCR 鉴定出阳性重组子（图 4-42）。

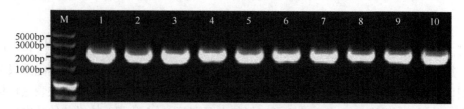

图 4-42　大青杨 *PuGTL1*-SRDX 连接克隆载体的 PCR 鉴定

M. DL5000 DNA marker；1~10. pBI121-*PuGTL1*-SRDX 载体转入大肠杆菌中的 PCR 扩增条带

目的条带正确的菌液送去生物公司测序，并且与毛果杨 *PtrGTL1* 序列进行比对。结果如图 4-43 所示，测序结果与毛果杨 *PtrGTL1* 序列相似度达到 95% 以上，该序列就是大青杨 *PuGTL1* 序列。

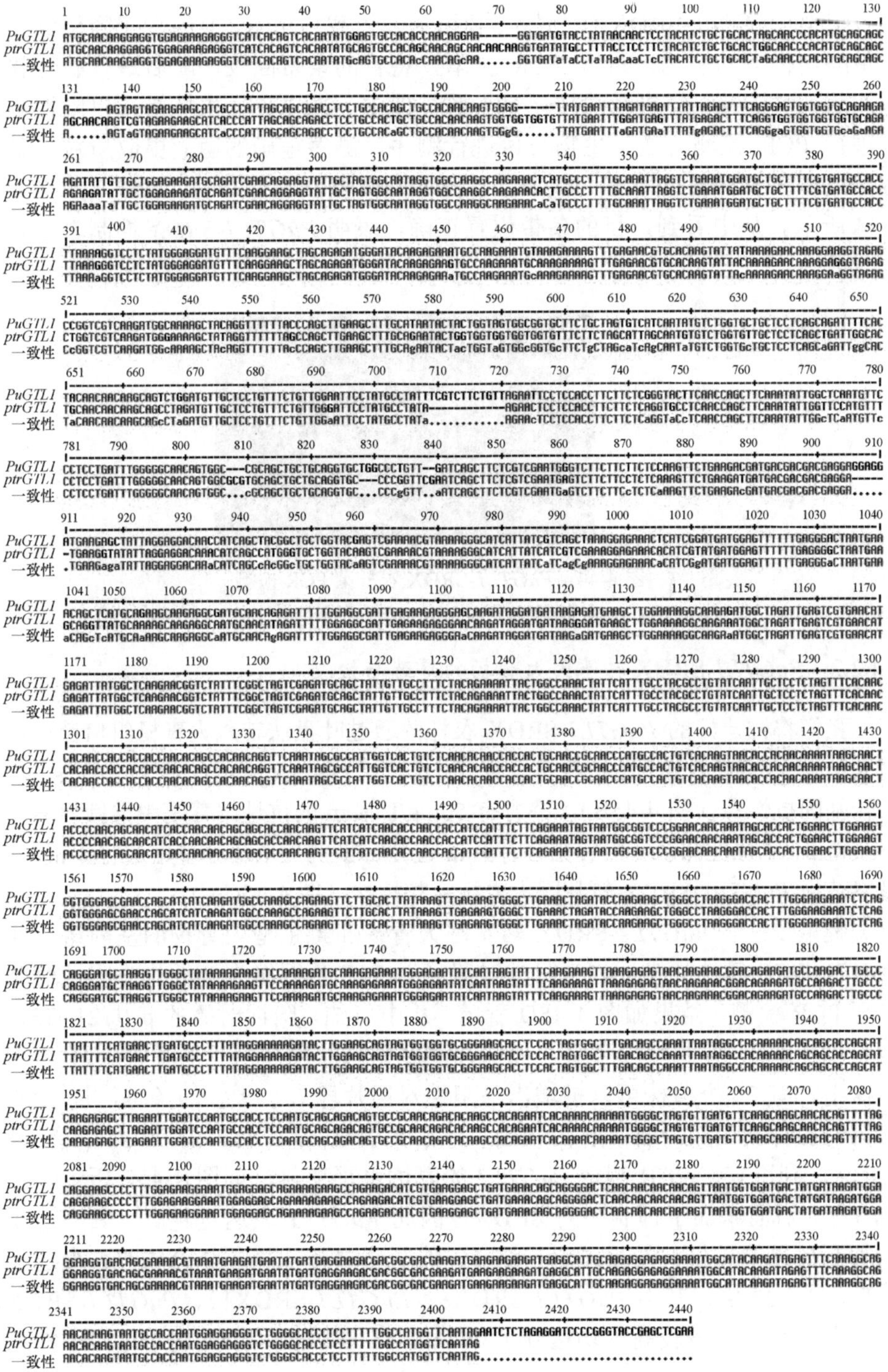

图 4-43 *PuGTL1* 与 *PtrGTL1* 序列比对（彩图请扫封底二维码）

　　根据 *PuGTL1*-SRDX 序列特点和植物表达载体 pBI121 的多克隆位点，设计带酶切位点的引物，进行 PCR 扩增，将目的条带回收，随后进行载体和基因双酶切并连接，经热激法转化至大肠杆菌中。通过 Kan 抗性筛选出阳性重组子进行 PCR 检测，送至生物公司进行测序，测序正确的菌液提取质粒，采用液氮法转入农杆菌感受态细胞中，以菌液为模板，进行 PCR 检测，结果如图 4-44 所示。从中看到，目的条带位置正确，表明 *PuGTL1*-SRDX 抑制表达载体构建成功。

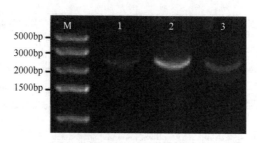

图 4-44　*PuGTL1*-SRDX 农杆菌 PCR 检测

M. DL5000 DNA marker；1~3. PCR 检测

4.4.2.2　*PuGTL1*-SRDX 转基因大青杨的筛选与检测

　　我们将构建好的 *PuGTL1*-SRDX 农杆菌通过叶盘法转入大青杨组培苗中。利用 Kan 对 *PuGTL1*-SRDX 抗性芽进行筛选，如图 4-45A 所示，一个月左右，获得了转基因抗性芽（图 4-45B），在含有 50mg/L Kan 的抗性培养基中继续培养，最终获得 21 个抗性株系。然后在含有 Kan 抗性霉素的生根培养基中进行生根培养，最终获得 *PuGTL1*-SRDX 转基因大青杨完整植株（图 4-45C）。

　　提取 21 个 *PuGTL1*-SRDX 转基因大青杨和野生型大青杨的基因组，并以 pBI121-*GFP* 质粒为模板作为阳性对照，以 WT 基因组为模板作为阴性对照，进行 PCR 检测，结果如图 4-45D 所示。从中可知，阳性对照的 pBI121-*GFP* 质粒可以扩增出 *GFP* 特异条带，而阴性对照则未能检测出目的条带。21 个筛选植株中，有 20 个植株可以扩增出与阳性对照片段大小一致的条带，说明这 20 个抗性植株基因组中含有目的基因。然后提取这 20 株幼苗的 RNA，反转录成 cDNA，利用 qRT-PCR 测定 *PuGTL1* 的表达水平变化，如图 4-45E 所示。由于 *PuGTL1* 后面添加了抑制序列 SRDX，因此 *PuGTL1* 表达量越高，其表达受到的抑制效果就越好。结果显示，这 20 株幼苗中有 15 株的 *PuGTL1* 表达量比 WT 高 2~22 倍，其中 *PuGTL1*-SRDX8、*PuGTL1*-SRDX12、*PuGTL1*-SRDX20 这三个株系表达量较高，均达到了 WT 的 15 倍以上，因此选用这三个株系进行后续实验。

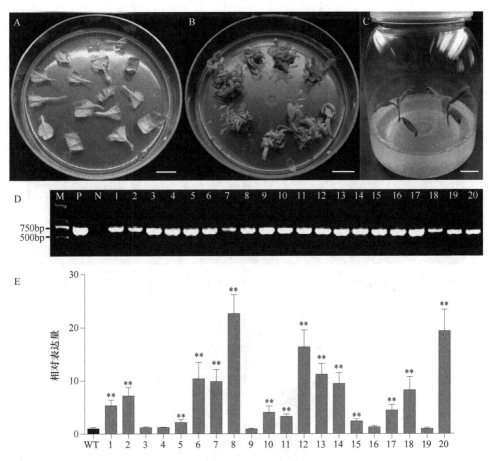

图 4-45　*PuGTL1*-SRDX 在大青杨中的遗传转化和检测（标尺=1cm）（彩图请扫封底二维码）

A. *PuGTL1*-SRDX 转化叶片的抗性筛选；B. 丛生芽的抗性筛选；C. 抗性苗的生根培养；D. 转基因植株的 DNA 检测，M 为 DL2000 DNA Marker，1~20 为 *PuGTL1* 抑制表达大青杨转基因在 DNA 水平上的 PCR 检测；E. 转基因植株中 *PuGTL1* 的表达量，实验进行三次生物学重复

4.4.2.3 *PuGTL1*-SRDX 转基因大青杨组培苗的渗透胁迫表型观察和生理指标测定

1. *PuGTL1*-SRDX 转基因大青杨组培苗经渗透胁迫后的表型观察

将长势较为一致的生长 3 周的 *PuGTL1*-SRDX 转基因大青杨及 WT 组培苗分别转入含有 7% PEG6000 的生根培养基中培养 7d，观察长势情况，结果如图 4-46 所示。从中可以看到，在渗透胁迫条件下，野生型大青杨的叶片变黑、萎蔫，而 *PuGTL1*-SRDX 转基因株系长势良好。随后我们统计了 *PuGTL1*-SRDX 转基因大青杨和野生型大青杨的生根率。结果发现，*PuGTL1*-SRDX 转基因大青杨的生根率明显高于 WT。80%以上的转基因植株都能生根，而 WT 的生根率不足 60%（图 4-47）。

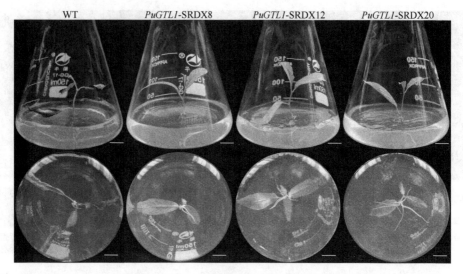

图 4-46 WT 和 *PuGTL1*-SRDX 转基因组培苗渗透胁迫后的表型观察（彩图请扫封底二维码）

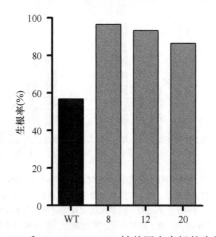

图 4-47 WT 和 *PuGTL1*-SRDX 转基因大青杨的生根率统计

2. *PuGTL1*-SRDX 转基因大青杨组培苗经渗透胁迫后的组织化学染色分析

（1）DAB 染色

将长势基本一致的生长 3 周的 *PuGTL1*-SRDX 转基因大青杨及野生型大青杨组培苗在含有 7% PEG6000 的生根培养基中渗透胁迫 7d，取叶片进行 DAB 染色，结果如图 4-48A 所示。从中可以看出，非胁迫条件下，WT 和 *PuGTL1*-SRDX 转基因株系的叶片颜色基本无差异，说明正常生长条件下各植株的 H_2O_2 含量基本相同。渗透胁迫后，WT 和转基因株系的叶片颜色均加深，但是 *PuGTL1*-SRDX 转基因大青杨叶片颜色明显比 WT 浅，说明 *PuGTL1*-SRDX 抑制表达植株受损程度较低。

（2）NBT 染色

将生长 3 周的 *PuGTL1*-SRDX 转基因和野生型大青杨组培苗在含有 7% PEG6000 的生根培养基中胁迫 7d，取叶片用 NBT 进行染色，结果如图 4-48B 所示。可以看到，正常生长的 WT 和 *PuGTL1*-SRDX 转基因株系叶片颜色基本一样，说明 $O_2^{\cdot-}$ 含量基本相同。当胁迫 7d 以后，WT 和转基因株系的叶片颜色均有一定程度加深，但是 *PuGTL1*-SRDX 转基因大青杨叶片颜色加深程度较 WT 小。这说明 PEG 渗透胁迫使各植株 $O_2^{\cdot-}$ 含量均有所升高，但 *PuGTL1*-SRDX 抑制表达大青杨株系 $O_2^{\cdot-}$ 含量少于 WT，细胞受损程度比 WT 轻。

（3）伊文思蓝染色

将生长 3 周的 *PuGTL1*-SRDX 转基因和野生型大青杨组培苗在含有 7% PEG6000 的生根培养基中胁迫 7d，取叶片进行 Evans blue 染色，结果如图 4-48C，可以看出，正常条件下，WT 和 *PuGTL1*-SRDX 转基因株系叶片基本无明显差异。当渗透胁迫 7d 以后，WT 和转基因株系的叶片颜色均加深，但是 *PuGTL1*-SRDX 转基因大青杨叶片颜色加深程度小于 WT。说明 *PuGTL1*-SRDX 抑制表达大青杨株系细胞死亡数目比 WT 少，抗逆性更强。

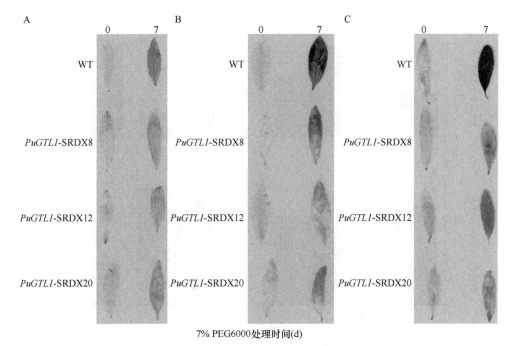

图 4-48　PEG 渗透胁迫下 *PuGTL1*-SRDX 转基因大青杨组织化学染色分析（彩图请扫封底二维码）

A. DAB 染色；B. NBT 染色；C. Evans blue 染色

3. *PuGTL1*-SRDX 转基因大青杨组培苗经渗透胁迫后的生理生化指标测定

（1）SOD（超氧化物歧化酶）活性测定

WT 和 *PuGTL1*-SRDX 转基因株系的 SOD 活性测定结果见图 4-49A。从中可以得出，非胁迫条件下，WT 和 *PuGTL1*-SRDX 转基因株系的 SOD 活性相差不大。在渗透胁迫后，各植株的 SOD 活性极显著上升，其中 *PuGTL1*-SRDX 转基因株系的 SOD 活性要极显著高于 WT，这有利于转基因植株清除更多的过氧化物。

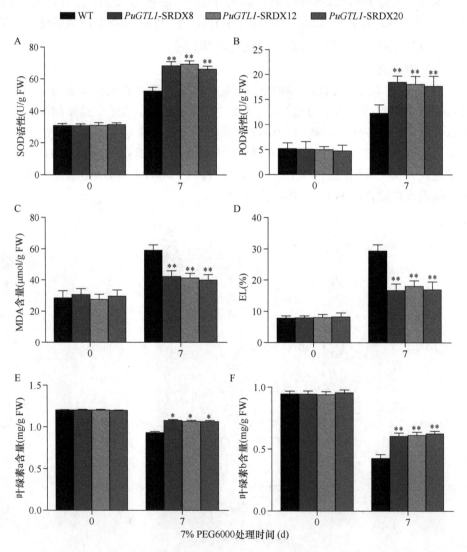

图 4-49　渗透胁迫后 WT 和 *PuGTL1*-SRDX 转基因株系生理生化指标测定（彩图请扫封底二维码）

实验进行三次生物学重复

（2）POD（过氧化物酶）活性测定

WT 和 *PuGTL1*-SRDX 转基因株系的 POD 活性测定结果如图 4-49B 所示。结果显示，正常生长条件下，WT 和 *PuGTL1*-SRDX 转基因株系的 POD 活性基本保持一致。胁迫处理后，植物体内 POD 活性迅速上升，而 *PuGTL1*-SRDX 转基因株系 POD 活性要极显著高于 WT，这将有利于转基因植株清除更多的过氧化物。

（3）MDA（丙二醛）含量测定

WT 和 *PuGTL1*-SRDX 转基因株系的 MDA 含量测定结果见图 4-49C。从中可以看到，非胁迫条件下，WT 和 *PuGTL1*-SRDX 转基因株系的 MDA 含量相差不大。渗透胁迫后，各植株体内 MDA 含量显著上升，但 *PuGTL1*-SRDX 转基因株系的上升程度极显著低于 WT，这说明 *PuGTL1*-SRDX 转基因植株体内细胞受损程度要小于 WT。

（4）EL（电导率）测定

WT 和 *PuGTL1*-SRDX 转基因株系的 EL 测定结果如图 4-49D 所示。从中可以得出，非胁迫条件下，WT 和 *PuGTL1*-SRDX 转基因株系的 EL 没有显著区别。在渗透胁迫下，各株系的 EL 水平明显上升，但 *PuGTL1*-SRDX 转基因株系的 EL 要极显著低于 WT，这说明 *PuGTL1*-SRDX 转基因株系的细胞膜受损程度更小。

（5）叶绿素含量测定

WT 与 *PuGTL1*-SRDX 转基因株系的叶绿素（叶绿素 a 和叶绿素 b）含量测定结果见图 4-49E 和 F。非胁迫条件下，WT 和 *PuGTL1*-SRDX 转基因株系的叶绿素 a 与叶绿素 b 含量相差不多。渗透胁迫后，所有植株的叶绿素 a 和叶绿素 b 含量均出现一定程度下降，但 *PuGTL1*-SRDX 转基因株系的叶绿素（叶绿素 a 和叶绿素 b）含量显著或极显著高于 WT，同样说明了 *PuGTL1*-SRDX 转基因株系抵抗胁迫的能力比 WT 要强。

4.4.2.4　*PuGTL1*-SRDX 转基因大青杨土培苗的表型观察和指标分析

1. *PuGTL1*-SRDX 转基因大青杨土培苗的表型观察

将长势较为一致的、生长 3 周的 *PuGTL1*-SRDX 转基因大青杨及野生型大青杨组培苗分别移栽至温室中，观察表型并测量株高。从图 4-50 可以看到，WT 和 *PuGTL1*-SRDX 转基因植株的表型没有明显区别，且各植株的株高也无明显差异（图 4-51）。

2. *PuGTL1*-SRDX 转基因大青杨土培苗的气孔指标分析

取生长 80d 的 WT 和 *PuGTL1*-SRDX 大青杨植株由上而下的第 7～8 片成熟叶在光学显微镜下观察气孔数量和形态。结果发现，各植株间的气孔大小和开度没有明显区别，但转基因株系的气孔数量明显多于 WT（图 4-52）。

图 4-50　WT 和 *PuGTL1*-SRDX 转基因大青杨土培苗的株高表型（标尺=5cm）

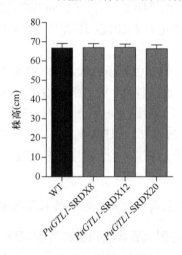

图 4-51　WT 和 *PuGTL1*-SRDX 转基因大青杨土培苗的株高测定

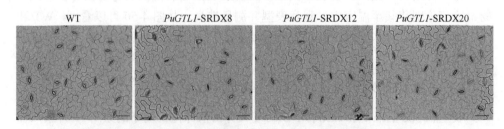

图 4-52　*PuGTL1*-SRDX 转基因株系与 WT 气孔对比（标尺=50μm）

随后我们统计了 WT 和 *PuGTL1*-SRDX 转基因株系的气孔密度、大小与开度，如图 4-53 所示。结果发现，统计数据与显微镜观察结果完全一致。*PuGTL1*-SRDX 转基因株系的气孔密度极显著小于 WT，而在气孔大小和开度方面它们之间没有明显差异。

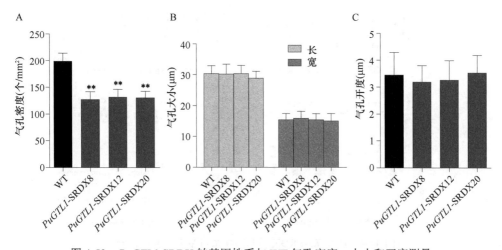

图 4-53　*PuGTL1*-SRDX 转基因株系与 WT 气孔密度、大小和开度测量
实验进行 30 次生物学重复

3. *PuGTL1*-SRDX 转基因大青杨土培苗的光合指标分析

选取 30 株生长 80d 的野生型大青杨及 *PuGTL1*-SRDX 转基因植株自上而下的第 7~8 片成熟叶，每天上午 9~11 点，测定叶片的净光合速率、气孔导度和蒸腾速率，并计算瞬时水分利用率，结果如图 4-54 所示。从中可以看出，随着 CO_2 浓度的增加，*PuGTL1*-SRDX 转基因大青杨的净光合速率、气孔导度和蒸腾速率均极显著低于 WT，而瞬时水分利用率则极显著高于 WT。

4.4.2.5　*PuGTL1*-SRDX 转基因大青杨在干旱胁迫下的表型观察和指标分析

1. *PuGTL1*-SRDX 转基因大青杨土培苗在干旱胁迫下的表型分析

选择生长 80d 的 WT 和 *PuGTL1*-SRDX 转基因株系土培苗进行干旱胁迫，停止浇水 7d，观察各植株的表型变化，然后恢复浇水 2d，观察植物生长情况。由图 4-55 可知，干旱胁迫 7d 以后，WT 和 *PuGTL1*-SRDX 转基因株系均出现一定程度的萎蔫，但 *PuGTL1*-SRDX 转基因植株的萎蔫程度低于 WT，WT 的大多数叶片逐渐变干。恢复浇水以后，*PuGTL1*-SRDX 转基因株系的生长状态恢复较好，而 WT 生长未恢复，说明干旱胁迫后其生长受到了严重抑制。

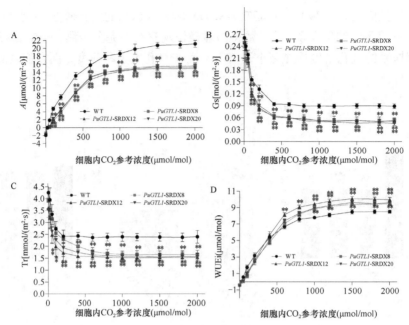

图 4-54 *PuGTL1*-SRDX 转基因株系与 WT 光合指标分析

实验进行三次生物学重复

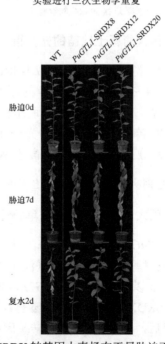

图 4-55 WT 和 *PuGTL1*-SRDX 转基因大青杨在干旱胁迫下的表型观察（标尺=5cm）

（彩图请扫封底二维码）

所有植株干旱胁迫 7d 后再重新浇水 2d

2. *PuGTL1*-SRDX 转基因大青杨土培苗在干旱胁迫下的生理生化指标分析

野生型和 *PuGTL1*-SRDX 转基因大青杨土培苗生长 80d 后停止浇水 4d 进行干旱胁迫,取植株自上而下的第 7~8 片成熟叶,分别测定叶片的 RWC、MDA 含量、EL 和 H_2O_2 含量,结果如图 4-56 所示。正常生长条件下,WT 和转基因株系的叶片相对含水量相差不大;干旱胁迫后,各植株的叶片相对含水量均出现一定程度下降,但 *PuGTL1*-SRDX 转基因株系叶片相对含水量极显著高于 WT,说明 *PuGTL1*-SRDX 转基因株系在受到干旱胁迫时叶片的储水能力更好,抗旱性更强。在正常生长条件下,WT 和 *PuGTL1*-SRDX 转基因株系的 MDA 含量、EL 和 H_2O_2 含量没有明显区别;干旱胁迫后,植株受到伤害,MDA 含量、EL 和 H_2O_2 含量均会呈现上升趋势,但 *PuGTL1*-SRDX 转基因株系的上升程度要极显著低于 WT,说明 *PuGTL1*-SRDX 转基因植株经历干旱胁迫时受损程度比 WT 小。这些实验数据与干旱胁迫后各植株表型观察所得结果一致。

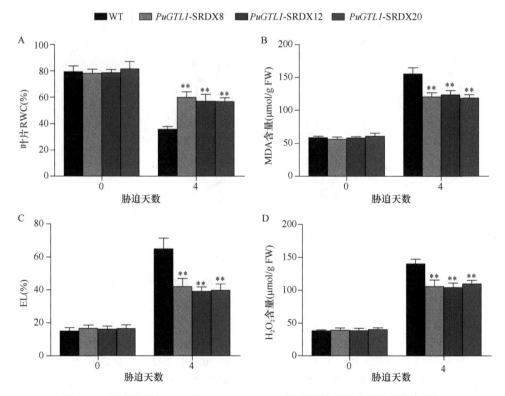

图 4-56　干旱胁迫后 WT 和 *PuGTL1*-SRDX 转基因株系的生理生化指标测定
实验进行三次生物学重复

3. *PuGTL1*-SRDX 转基因大青杨土培苗在干旱胁迫下的光合指标分析

对生长 80d 的野生型大青杨和 *PuGTL1*-SRDX 转基因大青杨停止浇水 7d，选取自上而下的第 7～8 片成熟叶，在每天上午 9～11 点，测定叶片净光合速率、气孔导度和蒸腾速率，结果如图 4-57 所示。由其可知，由于 *PuGTL1*-SRDX 转基因植株的气孔密度比 WT 低，因此在干旱胁迫的前 3d，WT 的净光合速率、气孔导度和蒸腾速率均高于 *PuGTL1*-SRDX 转基因株系。当胁迫 3d 以后，WT 的净光合速率、气孔导度和蒸腾速率这三个指标均低于 *PuGTL1*-SRDX 转基因植株。表明干旱胁迫后 WT 生长受到严重抑制，植物光合作用也随之受到影响。

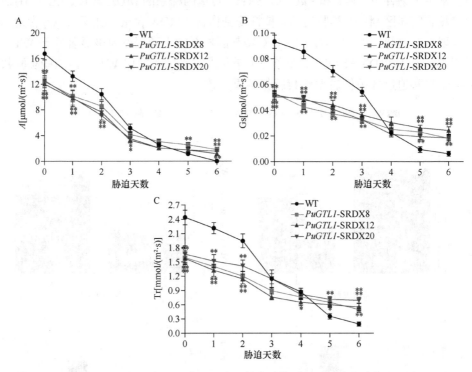

图 4-57　干旱胁迫下 *PuGTL1*-SRDX 转基因株系与 WT 的光合指标测定

实验进行三次生物重复

4.4.2.6　*PuSDD1* 基因的表达量分析

枯草杆菌蛋白酶（stomatal density and distribution，SDD1）负调控气孔密度和形状，从而抑制相邻两个气孔的形成，所以本研究在大青杨中找到了 *PuSDD1* 基因，探究 *PuSDD1* 基因是否受 GTL1 的调控。

为观察 *PuSDD1* 在 *PuGTL1*-SRDX 抑制表达植株和 *Pu-miR172d*-OE 过表达植株中的表达水平变化，取 WT、*PuGTL1*-SRDX 抑制表达植株和 *Pu-miR172d*-OE

过表达植株叶子进行 qRT PCR 检测。结果表明，*PuSDD1* 在 *PuGTL1*-SRDX 抑制表达植株的第 1~5 片叶子和 *Pu-miR172d*-OE 过表达植株中的第 1~4 片叶子均极显著上调表达（图 4-58A 和 B）。

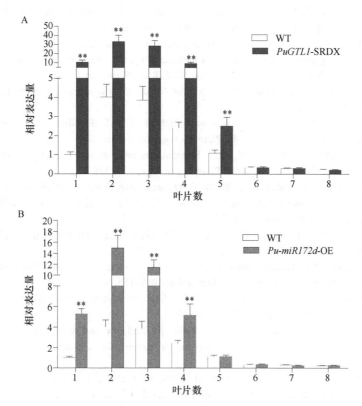

图 4-58 *PuSDD1* 在 *PuGTL1*-SRDX 抑制表达植株和 *Pu-miR172d*-OE 过表达植株中的表达水平分析

4.4.3 小结

本节分析了各表型观察和生理指标测定结果，发现 *PuGTL1* 的抑制表达可以通过减少气孔密度来降低蒸腾速率，并能提高瞬时水分利用率，最终使植株抗旱性得到明显提高，这也为今后研究 *GTL1* 响应干旱胁迫的分子机制奠定了重要的理论和实践基础。

参 考 文 献

Allen E, Xie Z, Gustafson A M, et al. 2005. microRNA-directed phasing during trans-acting siRNA biogenesis in plants. Cell, 121: 207-221.

Chuck G, Cigan A M, Saeteurn K, et al. 2007. The heterochronic maize mutant corngrass1 results from overexpression of a tandem microRNA. Nature Genetics, 39: 544-549.

Finn R D, Mistry J, Schuster-Böckler B, et al. 2006. Pfam: clans, web tools and services. Nucleic Acids Research, 34: D247-D251.

Gao M J, Lydiate D J, Li X, et al. 2009. Repression of seed maturation genes by a trihelix transcriptional repressor in *Arabidopsis* seedlings. The Plant Cell, 21: 54-71.

Henderson I R, Zhang X, Lu C, et al. 2006. Dissecting *Arabidopsis thaliana* DICER function in small RNA processing, gene silencing and DNA methylation patterning. Nature Genetics, 38: 721-725.

Hiratsu K, Ohta M, Matsui K, et al. 2002. The SUPERMAN protein is an active repressor whose carboxy-terminal repression domain is required for the development of normal flowers. FEBS Letters, 514: 351-354.

Hu R, Qi G, Kong Y, et al. 2010. Comprehensive analysis of NAC domain transcription factor gene family in *Populus trichocarpa*. BMC Plant Biology, 10: 1-23.

Hughes J, Hepworth C, Dutton C, et al. 2017. Reducing stomatal density in barley improves drought tolerance without impacting on yield. Plant Physiology, 174: 776-787.

Kato M, Lencastre A D, Pincus Z, et al. 2009. Dynamic expression of small non-coding RNAs, including novel microRNAs and piRNAs/21U-RNAs, during *Caenorhabditis elegans* development. Genome Biology, 10: 1-15.

Li R, Li Y, Kristiansen K, et al. 2008. SOAP: short oligonucleotide alignment program. Bioinformatics, 24: 713-714.

Reddy A M, Zheng Y, Jagadeeswaran G, et al. 2009. Cloning, characterization and expression analysis of porcine microRNAs. BMC Genomics, 10: 1-15.

Schwab R, Palatnik J F, Riester M, et al. 2005. Specific effects of microRNAs on the plant transcriptome. Developmental Cell, 8: 517-527.

Sieber P, Wellmer F, Gheyselinck J, et al. 2007. Redundancy and specialization among plant microRNAs: role of the MIR164 family in developmental robustness. Development, 134: 1051-1060.

Siré C, Moreno A B, Garcia-Chapa M, et al. 2009. Diurnal oscillation in the accumulation of *Arabidopsis* microRNAs, miR167, miR168, miR171 and miR398. FEBS Letters, 583: 1039-1044.

Válóczi A, Várallyay É, Kauppinen S, et al. 2006. Spatio-temporal accumulation of microRNAs is highly coordinated in developing plant tissues. The Plant Journal, 47: 140-151.

Wiessner W, Gaffron H. 1964. Role of photosynthesis in the light-induced assimilation of acetate by Chlamydobotrys. Nature, 201: 725-726.

Wu G, Park M Y, Conway S R, et al. 2009. The sequential action of miR156 and miR172 regulates developmental timing in *Arabidopsis*. Cell, 138: 750-759.

Wu G, Poethig R S. 2006. Temporal regulation of shoot development in *Arabidopsis thaliana* by miR156 and its target SPL3. Development, 133: 3539-3547.

5 LbDREB6 在大青杨中响应干旱和病原菌胁迫的机制研究

研究干旱胁迫下转录因子（transcriptional factor，TF）的调控作用为提高植物抗旱性提供了可靠的途径。然而，许多与抗旱性相关的 TF 往往在促进生长或其他胁迫耐受方面表现出非预期的多效性效应。在树木中很少有关评估或克服抗旱 TF 多效性效应的研究。在此，我们研究了 *LbDREB6* 基因剂量依赖多效性效应对转基因大青杨生长发育及抗逆能力的影响。结果表明，高、中等水平过表达 *LbDREB6* 以剂量依赖的方式显著提高杨树的耐旱性，但高表达水平的转基因杨树（OE18）在正常条件下表现出生长发育不良，而且对杨盘二孢菌（*Marssonina brunnea*）的敏感性也高于野生型杨树（WT）和中等表达水平的转基因杨树（OE14），但 OE14 生长正常，抗病性与野生型无显著差异；转基因植株与野生型相比，许多应激反应基因表达上调，尤其是 OE18，与 OE14 和 WT 相比，OE18 的抗病性相关基因明显下调。我们通过调节外源 *DREB* 基因表达水平来达到提高植物抗旱性的目的，同时避免了生长不良和抗病能力降低的发生。

5.1 *LbDREB6* 过表达对转基因杨树生长的影响

5.1.1 实验材料

大青杨无性系（*Populus ussuriensis* clone Donglin）由本实验室在添加 0.6%（*m/V*）琼脂及 2%（*m/V*）蔗糖的 1/2MS 半固体培养基中继代培养，培养条件为 6μmol/（m^2·s）光照强度，16h 光/8h 暗，培养温度为 25℃，每 4 周继代一次。

5.1.2 实验结果

通过农杆菌介导的遗传转化共获得 11 个独立的 *LbDREB6* 过表达转基因杨树株系，进行 PCR 检测，所有的株系都有 *LbDREB6* 基因的 1071bp 的 PCR 产物（图 5-1A），并且对获得的转基因大青杨进行了土培（图 5-1B）。qRT-PCR 结果显示，*LbDREB6* 在转基因植株中的表达水平明显高于 WT 植株（图 5-2A）。移栽两个月后的表型观察表明，表达水平高于野生型（WT）10 倍以上的转基因植株显著矮化。相比之下，其他表达量低于 WT 10 倍的转基因株系能正常生长(图 5-2B)。

我们分别选择三个中等表达水平（OE10、OE14、OE30）和三个高表达水平（OE18、OE32、OE35）的 *LbDREB6* 过表达株系进行实验（图 5-1B）：OE18 植株的叶宽极显著大于 WT 植株，而 OE14 与 WT 植株的叶宽差异不大（图 5-2C）。叶和茎的大小取决于器官中细胞的数量与大小（Zhou et al.，2013）。茎的横截面观察与参数显示，OE14 的木质部和次生木质部（图 5-2D 和 G）与 WT 植物（图 5-2D 和 F）相比没有明显差别，而 OE18 茎横切面积（图 5-2D 和 H）与 WT（图 5-2D 和 F）相比极显著增加。另外，OE14 的叶脉面积（图 5-2E 和 J）与 WT（图 5-2E 和 I）差别不大，但 OE18 的叶脉面积（图 5-2E 和 K）较野生型株系（图 5-2E 和 I）的叶脉面积大 40%～50%。扫描电子显微镜观察显示，OE14 的细胞壁（图 5-2M）与 WT 植株的细胞壁（图 5-2L）无显著差异，然而 OE18 的细胞壁（图 5-2N）明显比 WT 的细胞壁（图 5-2L）厚。

图 5-1　*LbDREB6* 转基因大青杨的获得及移栽（彩图请扫封底二维码）

A. *LbDREB6* 过表达植株的 PCR 检测，M 为 DL2000 DNA marker，P 为 pROKⅡ-*GFP* 质粒用作阳性对照，N 为以野生型植株的总 DNA 为模板作为阴性对照，1～12 为 *LbDREB6* 过表达植株的总 DNA 进行 PCR；B. 生长发育良好的植株移栽到花盆中 3 个月，左，WT，中间，OE14 株系，右，OE18 植株

我们发现，与 WT 和 OE14 植物相比，OE18 植物中 *GA20ox1* 基因下调表达。qRT-PCR 结果显示，与 WT 和 OE14 相比，*GA20ox1* 在 OE18 中的表达水平分别降低了～50% 和～49%，然而 *GA20ox1* 的表达在 OE14 和 WT 植株之间没有显著差异（图 5-3A）。为了研究 WT 和转基因植株之间是否存在 GA 含量的差异，植株移栽到花盆 2 个月后采集茎尖样本。结果显示，WT 和中等水平 *LbDREB6* 过表达植株之间 GA 含量没有显著差异，但高水平 *LbDREB6* 过表达植株的 GA 含量较WT 极显著降低约 25%（图 5-3B）。这与样品中 *GA20ox1* 基因表达模式一致

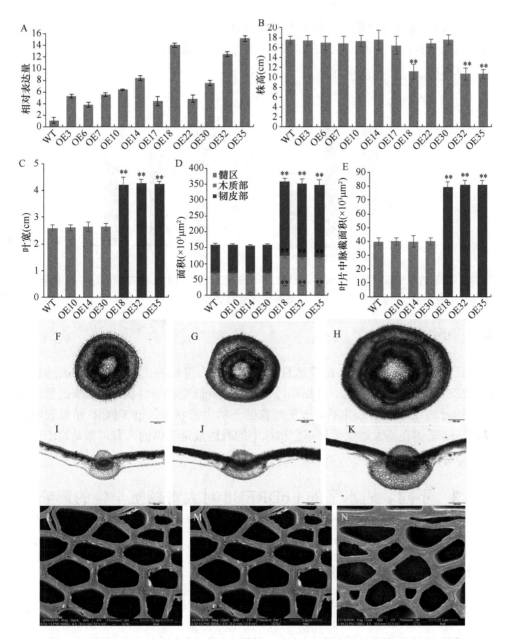

图 5-2　转基因与野生型大青杨的生长特性、切片和扫描电子显微镜（SEM）观察
（彩图请扫封底二维码）

A. OE18、OE14 和 WT 植株的 qRT-PCR 验证；B. OE18、OE14 和 WT 植株在温室中生长两个月的株高；C. WT、OE18 和 OE14 植株的叶宽；D. 茎横切面面积，包括韧皮部、木质部和髓区的截面面积；E. 茎横切面面积；E. WT、OE18 和 OE14 的叶片中脉截面积；在离茎基 1cm 处采集样本，F、G 和 H 为 WT、OE14 和 OE18 植株的茎截面，I、J 和 K 为 WT、OE14 和 OE18 叶片中木质部的横截面，L、M 和 N 为 WT、OE14 和 OE18 植物细胞壁的 SEM 观察；数值代表 20 颗具有 3 个生物学重复的植株的平均值，误差条代表 SD，*表示 P< 0.05，**表示 P< 0.01，下同

（图 5-3A）。这些结果表明，高水平 *LbDREB6* 过表达可能通过抑制 GA 的合成来降低植株生长速度，而 *LbDREB6* 的中度过表达并没有改变转基因大青杨的正常生长状态。

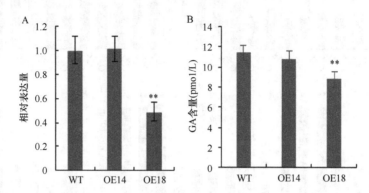

图 5-3　高表达水平与中等表达水平 *LbDREB6* 转基因植物中 *GA20ox1* 基因的 qRT-PCR 分析及赤霉素含量测定

5.1.3　小结

我们发现，*LbDREB6* 的表达量不同会影响大青杨的生长发育，高表达量的 *LbDREB6* 导致大青杨矮化，并出现叶片变大及叶脉变粗等性状，而低表达量及中等表达量的 *LbDREB6* 并不会改变植株的正常生长状态。qRT-PCR 结果表明，*GA20ox1* 基因在高表达水平转基因植株中的表达量是下调的，有可能是这个原因导致植株矮化的。

5.2　不同表达水平的 LbDREB6 对大青杨抗旱性的影响及下游靶基因表达的比较

5.2.1　实验材料

野生型和 *LbDREB6* 转基因大青杨土培苗由本实验室保存。

5.2.2　实验结果

5.2.2.1　不同表达水平的 LbDREB6 对大青杨抗旱性的影响

我们研究了干旱胁迫对生长 6 个月的野生型和转基因杨树的影响。在水分充足的条件下，WT 和转基因株系的表现没有差异。但经过 7d 干旱胁迫后，WT 植株叶片出现大面积脱水现象，OE14 仅出现轻微萎蔫，OE18 无明显变化（图 5-4A）。
干旱胁迫 14d 后，大多数 WT 叶片干枯，与 WT 植物相比 OE14 受到的损伤较轻，
而大多数 OE18 植株是绿色的，生长正常（图 5-4B～D）。恢复浇水 10d 后，OE14
植株恢复速度比 WT 快（图 5-4E～H）。

图 5-4　干旱胁迫下转基因大青杨的表型观察（彩图请扫封底二维码）
A～D. 干旱胁迫 7d、10d、12d、14d；E～H. 复水 7d、10d、2d、14d

　　干旱期间，叶片 RWC（%）呈下降趋势，特别是 WT 植株（图 5-5A）。转基
因植株和 WT 植株的叶绿素含量也有所下降，但转基因植株的叶绿素含量仍极显
著高于 WT 植株（图 5-5B）。在干旱胁迫的 5d 内，转基因杨树和 WT 杨树在蒸腾
速率（Tr）、气孔导度（Gs）和净光合速率方面有差异，转基因与 WT 杨树 Tr 和
Gs 在总体上显示出一个下降的趋势（图 5-5C 和 D）。转基因和 WT 杨树的净光合
速率都减少，干旱处理后 WT 的净光合速率比转基因杨树下降更快（图 5-5E）。

　　WT 和转基因植株经过干旱处理后，丙二醛（MDA）含量（图 5-5F）和电导
率（EL）（图 5-5H）明显增加。其中，转基因植株的 MDA 含量和 EL 较 WT 植
株下降。同时，高表达水平 LbDREB6 转基因植株的 MDA 含量和 EL 低于中等表

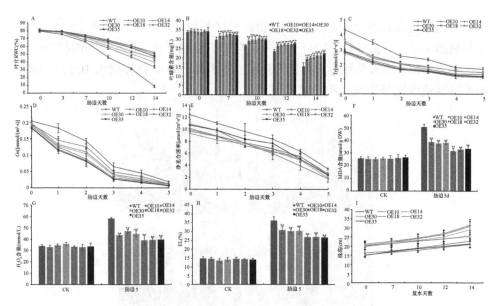

图 5-5　干旱胁迫下的生理生化指标测定（彩图请扫封底二维码）
试验均为三次生物学重复，其中每次重复至少 20 棵苗

达水平 *LbDREB6* 转基因植株。WT 和转基因植株叶片中的 H_2O_2 含量与处理前相比无显著差异；经过干旱处理后，转基因植株叶片中的 H_2O_2 含量低于 WT 植株，但两者均表现出 H_2O_2 含量增加（图 5-5G）。OE18、OE32、OE35 的 H_2O_2 含量低于 OE10、OE14、OE30。再次浇水后，转基因植株生长旺盛，OE14 的高度明显高于 WT 植株，而 WT 植株受影响更严重，生长缓慢（图 5-5I）。转基因杨树对干旱胁迫的耐受性高于野生杨树，且高表达水平 *LbDREB6* 转基因杨树受到的干旱胁迫损害较小。

5.2.2.2　转录组测序数据评估

为了找到干旱胁迫下叶片的响应基因，随即进行了转录组测序分析。每个样本进行了三次生物学重复。样品收集后，送到生物公司进行转录组测序。

样品送到生物公司后，通过对样品进行 RNA 提取、RNA 质量检测、文库构建和质控、上机测序和数据质控，最终获得了可以用于后续分析的过滤数据（clean data）。各样品测序产出数据评估结果见表 5-1。可以看到，各样品的测序短序列数目均已超过 4Gb，测序量已足够满足下一步分析需求。Q30（%）表示数据过滤后，总序列中质量值大于 30（错误率小于 0.1%）的碱基数的比例。Q30 数值越大，说明测序得到数据的错误率越低。目前，各测序平台控制 Q30 的最低标准为 85%。从表 5-1 可以看到，各样品的 Q30 数值都超过了 91%，说明测序结果较为可靠。

表 5-1 数据评估统计表

样品名	过滤数据总碱基数	总基因数	Q30（%）	描述
WT-1	44 001 820	27 014	96.55	干旱处理的野生型大青杨
WT-2	45 967 856	26 868	94.33	干旱处理的野生型大青杨
WT-3	44 302 730	26 779	90.11	干旱处理的野生型大青杨
OE14-1	44 604 888	27 079	92.12	干旱处理的 OE14 过表达株系
OE14-2	45 772 080	27 502	93.21	干旱处理的 OE14 过表达株系
OE14-3	44 897 208	27 375	94.11	干旱处理的 OE14 过表达株系
OE18-1	47 353 602	27 685	92.01	干旱处理的 OE18 过表达株系
OE18-2	44 539 772	27 723	91.11	干旱处理的 OE18 过表达株系
OE18-3	47 837 916	27 417	93.07	干旱处理的 OE18 过表达株系

5.2.2.3 干旱胁迫下 OE14 和 OE18 叶片转录组下游靶基因的表达比较

我们使用 Illumina 测序平台对连续经历 7d 干旱胁迫的 WT 和转基因植物叶片转录组进行了检测，共鉴定出 20 698 个差异基因（DEG）（$P < 0.05$，FDR < 0.001）。其中 OE14 与 WT 相比，OE18 分别有 2766 个（1654 个上调，1112 个下降）和 9442 个（5862 个上调，3580 个下调）差异基因，OE18 与 OE14 株系相比，有 8490 个（5213 个上调，3277 个下调）差异基因。其中，三组共有 879 个差异基因（图 5-6A）。在常见的 879 个差异基因中，有 707 个基因表达上调，172 个基因表达下调。我们发现，多种与干旱胁迫相关的下游基因存在差异表达，如大青杨液泡膜内在蛋白（TIP）、谷胱甘肽硫转移酶（GST）和一些转录因子的基因。

5.2.2.4 qRT-PCR 验证转录组测序结果

为了验证转录组测序结果的真实性和准确性，我们随机挑选 6 个（表 5-2）主要与干旱逆境胁迫响应相关的基因，通过实时荧光定量 PCR 技术进行验证。如图 5-7 所示，干旱处理后，除了 *ABA8'OH* 基因之外，其他基因在转基因植株中的表达量都比在 WT 中表达量高（图 5-7），有可能是这些差异基因导致转基因植株比 WT 抗旱。

5.2.3 小结

我们发现，*LbDREB6* 基因过表达能够提高大青杨的抗旱性，而且表达量越高抗旱性越强。RNA 测序结果表明，干旱处理后有很多与抗旱相关的基因差异表达，如 TIP、GST 等。说明 *LbDREB6* 基因确实能剂量依赖性地提高大青杨的抗旱性。

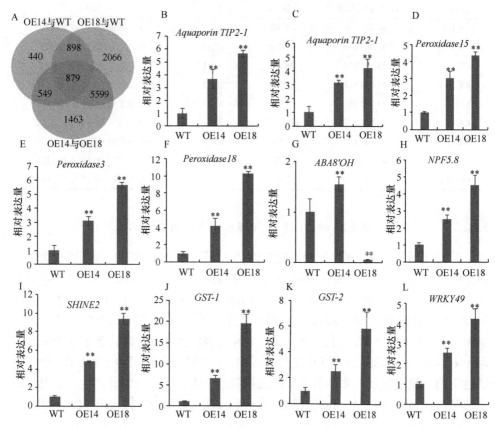

图 5-6　实时荧光定量 PCR 分析干旱胁迫 5d 的高表达水平与中等表达水平 *LbDREB6* 转基因植株中共有的与 WT 相比差异表达的基因

表 5-2　随机挑选的 6 个差异基因

基因	log₂FC	FDR	描述
DREB2C	5.948	1.028 1E−113	伤害响应
Peroxidase6	5.203	2.256 58E−26	脱落酸响应
ATHB-13	3.404	2.701 05E−44	根发育
NFYA	2.802	1.171 33E−36	细胞横向发育
WRKY40	2.516	1.927 03E−50	侧根形态发生
WRKY46	2.064	7.324 29E−28	茉莉酸响应

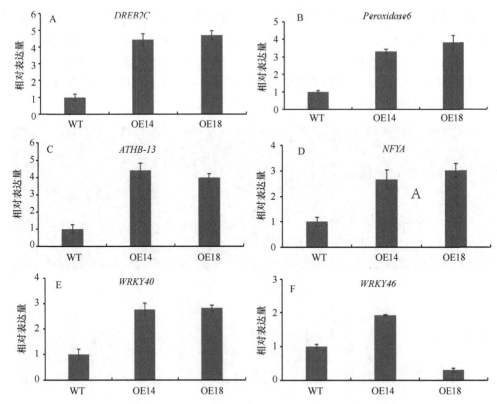

图 5-7 实时荧光定量 PCR 分析 6 个差异基因在高水平（OE18）和中等水平（OE14）*LbDREB6*
过表达株系中的转录水平，并与干旱胁迫 5d 的 WT 进行比较

5.3 不同表达水平 LbDREB6 对大青杨细菌病原体
易感性的影响及转录组分析

5.3.1 实验材料

野生型和 *LbDREB6* 转基因大青杨土培苗由本实验室保存。

5.3.2 实验结果

5.3.2.1 不同表达水平的 LbDREB6 对大青杨细菌病原体易感性的影响

我们研究了细菌病原体胁迫对生长 6 个月的野生型和转基因杨树的影响。细
菌病原体 *M. brunnea* 接种后，OE14（图 5-8 B 和 D）的表型与 WT 相比无显著差
异（图 5-8 A 和 D），而 OE18 叶片中的病变区域面积大于 WT（图 5-8 C 和 D）。

这表明增加 LbDREB6 的表达水平影响大青杨对细菌病原体的易感性。病原菌处理后 WT、OE14、OE18 中 MDA 含量明显升高，OE18 植株的 MDA 含量极显著高于 WT 植株（图 5-8E）。此外，EL 也呈现出相同的变化趋势（图 5-8F），表明 OE18 植物叶片的膜受损程度较 OE14 植物严重。总的来说，OE18 对 *M. brunnea* 感染的敏感性较野生型植物增加，OE14 没有改变。

图 5-8 被 *M. brunnea* 感染 2d 后转基因与 WT 植株表型观察（标尺=2cm）（彩图请扫封底二维码）
A. WT；B. OE14；C. OE18

5.3.2.2 转录组测序数据评估

为了找到病原菌伤害叶片过程中主要的响应基因，随即进行了转录组测序分析。选择生长 6 周的野生型（WT）大青杨及 *LbDREB6* 转基因大青杨（OE14 和 OE18）土培苗在温室接种植物病原体 *M. brunnea* 2d，取幼嫩未展开叶子的茎尖，每个样本进行了三次生物学重复。样品立即冷冻在液氮中提取 RNA。

样品送到生物公司后，通过对样品进行 RNA 提取、RNA 质量检测、文库构建和质控、上机测序和数据质控，最终获得了可以用于后续分析的过滤数据。各样品测序产出数据评估结果见表 5-3。可以看到，各样品的测序短序列数目均已超过 4Gb，测序量已足够满足下一步分析需求。从表 5-3 可以看到，各样品的 Q30 数值都超过了 91%，说明测序结果较为可靠。

5.3.2.3 病原菌感染下 OE14 和 OE18 叶片转录组抗病基因表达量比较

为了确定 LbDREB6 在病原菌防御中可能参与的途径，我们对接种了 *M.*

brunnea 的叶片进行了转录组测序，过滤得到 53.20Gb 的短序列（clean read）（每个库 182 万～2470 万个，Q30≥95.02%）。每个文库有 68.3%～70.42%的 clean read 可以与毛果杨基因组匹配（表 5-3）。与 WT 相比，组装好的转录组的质量适合进行功能注释和进一步分析。

表 5-3　测序数据统计

样品	过滤后短序列	过滤后数据的总碱基数	GC 含量（%）	Q30（%）
A1	24 724 618	7 333 341 242	44.48	96.58
A2	17 708 048	5 241 601 974	44.20	96.61
A3	18 719 483	5 540 725 368	44.63	96.33
B1	19 819 054	5 870 785 184	44.31	96.59
B2	20 483 146	6 062 187 306	44.49	96.67
B3	20 527 149	6 099 446 068	45.57	95.02
C1	18 613 427	5 504 766 388	44.08	96.71
C2	18 206 408	5 365 976 912	44.42	96.79
C3	20 801 834	6 176 570 496	45.32	96.56

注：A1～A3 为野生型植株，B1～B3 为中等表达水平 *LbDREB6* 转基因植株，C1～C3 为高等表达水平 *LbDREB6* 转基因植株

根据转录组注释结果，与 WT 和 OE14 植物相比，OE18 共鉴定出 688 个差异基因（图 5-9A）。共有 58 个与抗病性相关的差异基因在 OE18 植物中被鉴定，其中 41 个基因表达上调，17 个基因表达下调。植物有两种不同的植物-病原体相互作用途径，即模式触发免疫（pattern-trigger immunity，PTI）和效应触发免疫（effect-trigger immunity，ETI）。PTI 途径中，OE8 转基因植株中有 17 基因差异，包括两个 WRKY 转录因子（WRKY49 和 WRKY7）、三个泛素 E3 连接酶和一些受体蛋白质参与免疫反应及调节下游防御相关基因表达。在 ETI 途径中，我们发现两种抗病蛋白（disease resistance protein，RPM1）和一种抗病蛋白（ribosomal protein S2，RPS2）下调表达。另外，OE18 与 WT 和 OE14 相比，有两个不同的亚硝酸盐还原酶基因下调表达。KEGG 分类结果显示，OE18 植株中富集与植物激素信号转导相关的差异基因较 WT 和 OE14 植株多，其次是植物与病原菌的相互作用和氨基酸的生物合成相关基因（图 5-9B 和 C）。在植物激素途径中，1 个 PYR/PYL（pyrabactin resistance/pyrabactin resistance 1-like protein）家族蛋白、2 个蛋白磷酸酶 2C（protein phosphatase 2C，PP2C）、2 个生成素结合蛋白（auxin-binding protein 19a，ABP19a）也有差异表达。

5.3.2.4　实时荧光定量 PCR 验证转录组测序结果

为了验证转录组测序结果的真实性和准确性，我们随机挑选 10 个主要与病原

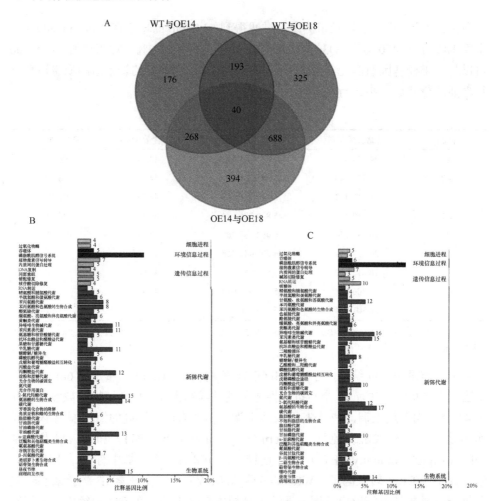

图 5-9　与病原菌 *M. brunnea* 共培养后高表达水平与中等表达水平 *LbDREB6* 转基因植物中差
异基因的韦恩图与 KEGG 分类（彩图请扫封底二维码）

A. WT 与 OE14、WT 与 OE18、OE14 与 OE18 三组两两组合比较的韦恩图；B. WT 与 OE18 植株中差异基因的
KEGG 分类；C. OE18 与 OE14 植株中差异基因的 KEGG 分类

菌逆境胁迫响应相关的基因，通过实时荧光定量 PCR 技术验证了 10 个基因的表
达水平，如图 5-10 所示。结果表明，与 WT 和 OE14 相比，OE18 的 *PP2C-1*、
NB-LRR-1、*NB-LRR-2*、*RPS2*、*RPM1*、*PYL4*、*ABP19A-1*、*ABP19A-2*、*WRKY49*
和 *NR* 基因表达均下调（图 5-10）。

5.3.3　小结

我们发现，虽然 *LbDREB6* 基因可剂量依赖性地提高大青杨的抗旱性，而其

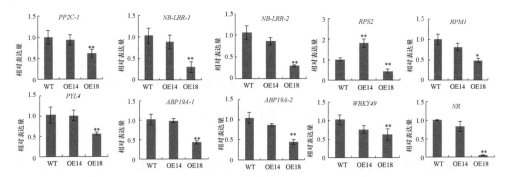

图 5-10　高表达水平与中等表达水平 *LbDREB6* 转基因植物中抗病相关基因的实时荧光定量 PCR 分析

抗病性却是相反的，表达量高反而使得大青杨对病原菌 *M. brunnea* 更敏感，体现了该基因的多效性效应。

参 考 文 献

Dubouzet J G, Sakuma Y, Ito Y, et al. 2003. OsDREB genes in rice, *Oryza sativa* L, encode transcription activators that function in drought-, high, -salt-and cold-responsive gene expression. Plant Journal, 33: 751-763.

Götz S, García-Gómez J M, Terol J, et al. 2008. High-throughput functional annotation and data mining with the Blast2GO suite. Nucleic Acids Research, 36: 3420-3435.

Ning Y, Jantasuriyarat C, Zhao Q, et al. 2011. The SINA E3 ligase OsDIS1 negatively regulates drought response in rice. Plant Physiology, 157: 242-255.

Trapnell C, Pachter L, Salzberg S L. 2009. TopHat: discovering splice junctions with RNA-Seq. Bioinformatics, 25: 1105-1111.

Wu J, Mao X, Cai T, et al. 2006. KOBAS server: a web-based platform for automated annotation and pathway identification. Nucleic Acids Research, 34: W720-W724.

Xie C, Mao X, Huang J, et al. 2011. KOBAS 2.0: a web server for annotation and identification of enriched pathways and diseases. Nucleic Acids Research, 39: W316-W322.

Zhou M, Li D, Li Z, et al. 2013. Constitutive expression of a miR319 gene alters plant development and enhances salt and drought tolerance in transgenic creeping bentgrass. Plant Physiology, 161: 1375-1391.

6 大青杨 PuHox52 调控不定根形成的
分子机制研究

不定根是植物非根组织（如茎、叶）上形成的根。通过不定根发育获得的完整植株可以保持母株的优良性状，同时可以显著缩短繁育周期。因此，扦插成为许多重要农业、园艺和林木等植物普遍采用的无性繁殖方式。插穗生根性状在林木遗传改良中占有重要的地位，因此，开展林木不定根形成分子调控机制研究具有重要意义。为了探究杨树不定根形成的分子调控机制，本研究对茉莉素影响根发育形成进行了验证。同时，应用生物信息学和分子生物学等手段对 *PuHox52* 基因的功能进行了分析鉴定，阐述了伤口胁迫及茉莉素诱导 *PuHox52* 来调控不定根形成的分子作用机制。同时，转录组测序及层级网络技术的建立为后续进一步研究根系形成发育提供了大量的候选基因。这些研究成果都将为林木，特别是一些难生根物种的改良和繁育奠定了重要的理论与实践基础。

6.1 茉莉素对杨树不定根形成的影响

6.1.1 实验材料

大青杨（*Populus ussuriensis*）无菌组培苗由本实验室保存。生长条件：温度为 23℃左右，相对湿度为 65%～75%，光照周期为 16h 光照/8h 黑暗，光照强度为白色荧光灯 46μmol /（m^2·s），培养基为 1/2MS 固体培养基（生根培养基），每 3 周更换一次培养基进行微扩繁，培养瓶为 150mL 三角瓶。

6.1.2 实验结果

6.1.2.1 茉莉素及其生物合成抑制剂对大青杨不定根形成影响

为探究茉莉素是否可以对大青杨生根产生影响，采用不同浓度茉莉酸甲酯（methyl jasmonate，MeJA）（0.1μmol/L、0.5μmol/L、1μmol/L、5μmol/L、10μmol/L 和 20μmol/L）及其生物合成抑制剂水杨苷异羟肟酸（salicylhydroxamic acid，SHAM）（5μmol/L、10μmol/L、30μmol/L、50μmol/L 和 70μmol/L）处理大青杨组培苗。结果如图 6-1 所示，当 MeJA 浓度在 0.5～10μmol/L 时，大青杨不定根数极

显著增加，而当浓度达到及超过 20μmol/L 时，MeJA 对人青杨生根已无明显促进作用。另外，当 SHAM 浓度达到及超过 30μmol/L 时，大青杨不定根形成受到显著或极显著抑制，浓度达到 70μmol/L 时平均根数只有 4.125 个。

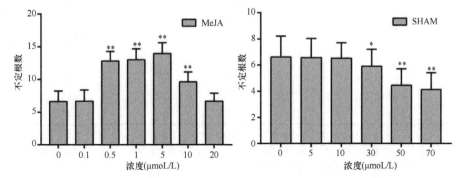

图 6-1 不同浓度 MeJA 和 SHAM 对大青杨不定根数产生的影响

大青杨幼苗在 1/2MS 固体培养基生长 10d 后开始统计；每个处理为 40 棵苗，星号表示激素处理与非处理之间应用 t 检验（*表示 $P < 0.05$，**表示 $P < 0.01$）进行数据显著性分析

大青杨生根表型观察如图 6-2 显示，5μmol/L MeJA 处理大青杨幼苗后，不定根长势相比于对照较为旺盛。当 50μmol/L SHAM 处理大青杨后，根数与对照相比有一定程度下降。

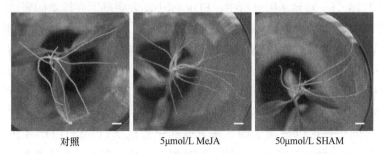

对照　　　　　　　5μmol/L MeJA　　　　　　50μmol/L SHAM

图 6-2 5μmol/L MeJA 和 50μmol/L SHAM 处理大青杨 10d 后生根表型观察（标尺=5mm）

（彩图请扫封底二维码）

6.1.2.2 转录组测序数据评估

为了找到茉莉素诱导及伤口胁迫下不定根形成过程中早期主要的响应基因，随即进行了转录组测序分析。选择生长 3 周的大青杨组培苗，去其根部，分别微扦插到无激素处理和含有 1μmol/L MeJA 的 1/2MS 固体培养基中，处理时间为 0.5h 和 1h。样品收集后，送到生物公司进行转录组测序。

各样品测序产出数据评估结果见表 6-1。结果表明，各样品的测序短序列数目均已超过 4Gb，能够满足下一步分析需求。Q30 数值都超过了 91%，说明测序结果较为可靠。

表 6-1 数据评估统计表

样品	短序列数目	Q30（%）
WT0.5h-1	4.7Gb	92.07
WT0.5h-2	4.6Gb	92.07
WT1h-1	4.7Gb	91.77
WT1h-2	4.5Gb	92.26
JA0.5h-1	4.4Gb	93.11
JA0.5h-2	4.5Gb	91.80
JA1h-1	4.6Gb	92.53
JA1h-2	4.7Gb	92.47

注：WT0.5h-1 和 WT0.5h-2 在正常生长条件下生长 0.5h 取的样品 1 和 2；WT1h-1 和 WT1h-2，代表在正常生长条件下生长 1h 取的样品 1 和 2；JA0.5h-1 和 JA0.5h-2，代表在茉莉素胁迫条件下生长 0.5h 取的样 1 和 2；JA1h-1 和 JA1h-2，代表在茉莉素胁迫条件下生长 1h 取的样 1 和 2。

6.1.2.3　差异基因分析

以 1μmol/L MeJA 处理 0.5h 大青杨为对照组，MeJA 处理 1h 大青杨为实验组，进行差异基因分析。差异基因筛选标准为|log$_2$FC|≥2 2 倍且 FDR≤0.05，同时对基因进行了分类描述及功能注释。共找到差异基因 5736 个，其中上调基因 3018 个，下调基因 2718 个。差异基因分析中，FDR 越小，表明基因在样本间表达差异越显著。按照 FDR 由小到大顺序将差异基因进行排序，表 6-2 显示了排序的前 20 位。从中可以看到，大多数基因的编码产物属于功能性蛋白，还有一些转录因子和未知蛋白。本研究主要对象为转录因子，故选用排名最为靠前的 Potri.014G103000.1 为下一步分析对象。另外，以无激素处理 0.5h 大青杨为对照组，无激素处理 1h 大青杨样本为实验组，进行差异基因分析。结果发现，Potri.014G103000.1 在伤口胁迫下，随着时间增长可以显著上调，差异表达倍数达到 17 倍（FC=4.105，FDR=4.78E-75）之多。此外，在同一时间（0.5h 和 1h）内，在 MeJA 处理及未处理大青杨转录组差异基因数据中没有发现 Potri.014G 103000.1。这说明该基因对外源茉莉素诱导并不敏感，其主要响应伤口胁迫。大青杨的扦插生根主要由伤口诱导，根形成部位位于茎基部。综合以上分析结果，本研究选用该基因作为主要目标。在毛果杨中，已经将同源亮氨酸拉链（HD-Zip）家族进行分类，Potri.014G103000.1 属于 HD-Zip I 亚族 γ 分支，命名为 *PtrHox52*，在拟南芥中的同源基因为 *AtHB7* 和 *AtHB12*（Hu et al.，2012）。在大青杨中，将 Potri.014G103000.1 同源基因命名为 *PuHox52*。

6.1.2.4　实时荧光定量 PCR 验证转录组测序结果

为了验证转录组测序结果的真实性和准确性，随机挑选 20 个主要与植物生长发育、激素诱导和植物逆境胁迫响应相关的基因（包括 10 个上调表达基因和 10

表 6-2　FDR 由小到大前 20 位差异基因

基因号	log₂FC	FDR	描述
Potri.008G086700.1	5.734	1.75E−160	核糖核酸酶 1
Potri.006G101100.1	5.884	6.20E−159	依赖于亚铁离子和 2-酮戊二酸的氧化酶
Potri.011G089700.1	6.203	4.87E−149	酰基水解酶蛋白
Potri.005G195000.1	5.230	7.44E−136	整合酶型 DNA 结合蛋白
Potri.008G118400.1	4.298	3.38E−115	α/β-水解酶超家族蛋白
Potri.014G103000.1	3.997	2.53E−112	转录因子
Potri.006G173500.1	3.997	1.07E−111	脱氧果糖-5-磷酸合酶
Potri.012G079100.1	6.414	7.55E−106	螺旋-环-螺旋（bHLH）蛋白
Potri.009G106000.1	4.521	1.36E−104	铜还原蛋白亚家族
Potri.015G135600.1	4.712	2.49E−104	MATE 外排家族蛋白
Potri.004G030200.1	5.029	1.63E−103	萜类合成酶 14
Potri.011G158500.1	3.777	4.94E−102	小檗碱桥酶
Potri.006G101200.1	3.968	2.96E−101	依赖于亚铁离子和 2-酮戊二酸的氧化酶
Potri.013G083600.1	4.007	3.79E−99	过氧化物酶亚家族蛋白
Potri.006G171700.1	3.982	4.27E−98	脱氧果糖-5-磷酸合酶
Potri.001G092900.1	−3.782	2.26E−90	WRKY 转录因子
Potri.004G106600.1	4.039	7.10E−88	细胞色素 P450
Potri.011G025900.1	4.237	7.10E−88	富含半胱氨酸蛋白
Potri.016G117100.1	3.245	1.48E−87	依赖于亚铁离子和 2-酮戊二酸的氧化酶
Potri.001G210200.1	3.317	1.02E−85	未知蛋白（DUF639）

个下调表达基因），通过实时荧光定量 PCR 技术进行验证。选择的 20 个差异基因及其表达水平见表 6-3。实时荧光定量 PCR 结果如图 6-3 所示，19 个基因（除了 Potri.002G186400.1）的定量结果与转录组测序分析结果基本一致，说明该转录组数据较为准确。

表 6-3　随机挑选的 20 个差异基因

基因 ID	log₂FC	FDR	描述
Potri.008G086700.1	5.948	1.028 1E−113	伤害响应
Potri.019G004400.1	5.203	2.256 58E−26	脱落酸响应
Potri.014G111700.1	3.404	2.701 05E−44	根发育
Potri.009G154500.1	2.802	1.171 33E−36	细胞横向生长
Potri.002G249200.1	2.516	1.927 03E−50	侧根形态发育
Potri.003G165000.1	2.064	7.324 29E−28	茉莉酸响应
Potri.013G072900.1	1.950	5.590 3E−09	机械伤害响应
Potri.001G062500.1	1.783	2.129 22E−29	茉莉酸响应
Potri.002G186400.1	1.660	2.091 92E−13	根发育

续表

基因 ID	log$_2$FC	FDR	描述
Potri.002G256600.1	1.489	6.562 19E−20	生长素响应
Potri.001G403300.1	−2.769	2.463 84E−45	乙烯响应
Potri.001G066700.1	−2.711	9.169 36E−19	调控根分生组织发育
Potri.001G155100.1	−2.678	2.441 03E−24	生长素响应
Potri.008G009300.1	−2.476	4.234 5E−26	伤害响应
Potri.008G009300.1	−2.476	4.234 5E−26	茉莉酸响应
Potri.009G141400.1	−1.699	2.411 08E−24	细胞横向生长
Potri.002G032500.1	−1.697	1.909 26E−25	伤害响应
Potri.008G098800.1	−1.530	6.137 64E−07	根发育
Potri.007G014200.1	−1.492	3.953 92E−15	脱落酸响应
Potri.010G213200.1	−1.356	1.096 27E−17	胚后发育

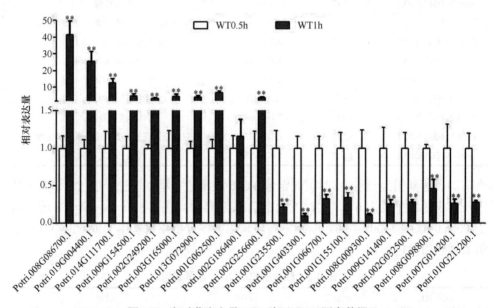

图 6-3　实时荧光定量 PCR 验证 RNA 测序数据

PuActin 为内参基因；实验进行三次生物学重复；星号表示应用 *t* 检验（*表示 *P* < 0.05，**表示 *P* < 0.01）进行数据显著性分析，下同

6.1.3　小结

本实验发现，0.5～10μmol/L MeJA 处理可极显著提高大青杨组培苗茎段的不定根数量，而 30～100μmol/L SHAM（茉莉素生物合成抑制剂）处理显著抑制不定根的形成。为进一步研究在大青杨生根过程中 MeJA 响应相关基因的表达量变化，对

用添加和未添加 1.0μmol/L MeJA 的培养基培养 0.5h 和 1h 的人青杨组培苗茎段的茎基部生根部位进行转录组测序。对转录组数据比较分析发现，当 MeJA 处理后，差异基因中 FDR 值最小的基因是 *PtrHox52*。此外，在伤口胁迫下，*PtrHox52* 上调倍数达到了 17 倍之多，故选择该基因为下一步研究对象。另外，对整个转录组差异基因研究，发现了大量与生根和激素响应相关的功能基因和转录因子。随机挑选一些基因通过实时荧光定量 PCR 技术验证，证实了该转录组数据较为可靠。

6.2　大青杨 *PuHox52* 基因及其启动子的研究

6.2.1　实验材料

6.2.1.1　植物材料

生长 3 周的大青杨组培苗由本实验室保存。温室生长 6 个月的毛果杨土培苗由本实验室姜立泉实验组馈赠。生长条件：温度为 17～26℃，光照周期为 16h 光照/8h 黑暗，光照强度为白色荧光灯约 150μE /（m^2·s）。

6.2.1.2　菌株与载体

大肠杆菌（*Escherichia coli*）克隆菌株感受态（Trans5α）购自北京全式金生物技术股份有限公司；酵母（*Saccharomyces cerevisiae*）Y2HGold、根癌农杆菌（*Agrobacterium tumefaciens*）EHA105 由本实验室保存。

克隆载体 pCloneEZ-TOPO 购自中美泰和生物技术（北京）有限公司；pBI121-*GFP* 和 pCAMBIA1303-*GUS* 由本实验室保存；酵母表达载体 pGBKT7 购自 Clontech 公司；核定位载体 pUC19-mCherry 由本实验室姜立泉实验组馈赠。

6.2.2　实验结果

6.2.2.1　大青杨 PuHox52 的获得

根据毛果杨同源基因 *PtrHox52* 的侧翼序列设计大青杨 *PuHox52* 的引物序列（986bp），以反转录获得的大青杨 cDNA 为模板，通过 PCR 扩增获得特异条带，胶回收目的条带并连接到克隆载体上，热激法转化至大肠杆菌，通过菌液 PCR 鉴定出阳性重组子（图 6-4）。

鉴定出的阳性重组子菌液送到生物公司进行测序，并与 *PtrHox52* 编码序列进行比对。结果如图 6-5 所示，大青杨与毛果杨的 *Hox52* 基因长度完全相同，均为 717bp，但核苷酸序列共有 28 个碱基突变，序列相似度为 96.1%。

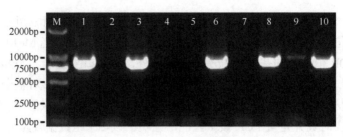

图 6-4 *PuHox52* 菌液 PCR 鉴定（目的片段长度为 986bp）

M. DL2000 DNA marker；1～10. *PuHox52* 菌液 PCR 产物

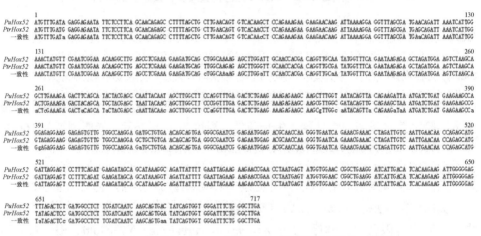

图 6-5 *PuHox52* 和 *PtrHox52* 序列比对（彩图请扫封底二维码）

6.2.2.2 PuHox52 亚细胞定位

1. 植物表达载体 pBI121-*PuHox52-GFP* 的获得

首先根据 pBI121-*GFP* 载体的多克隆位点和 *PuHox52* 自身序列的特点设计带酶切位点引物，以 *PuHox52* 克隆 PCR 产物为模板进行扩增并进行胶回收，将载体和基因双酶切、连接后热激转化至大肠杆菌中。然后进行 Kan 抗性筛选并进行菌液 PCR 鉴定，结果如图 6-6 所示，目的条带与 *PuHox52*（714bp）全长大小基本一致。最后将阳性重组子菌液送到生物公司进行测序，使用 pBI121-*GFP* 载体

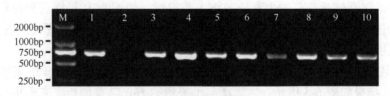

图 6-6 pBI121-*PuHox52-GFP* 菌液 PCR 鉴定目的片段长度为 714bp

M. DL2000 DNA marker；1～10. pBI121-*PuHox52-GFP* 菌液 PCR 产物

通用引物进行 PCR，最终测得序列与 *PuHox52* 完全一致，pBI121-*PuHox52-GFP*
植物表达载体构建成功。

2. PuHox52 定位于细胞核

利用氯化铯法提取高浓度及纯度的 pBI121-*GFP* 载体（对照）、细胞核定位载
体 pUC19-mCherry 和 pBI121-*PuHox52-GFP* 重组质粒，将它们瞬时转化至杨树原
生质体中，观察其所在位置。从图 6-7 可以看到，pBI121-*GFP* 几乎在整个细胞中
都有强烈的绿色荧光信号，而 PuHox52-GFP 融合蛋白仅在细胞核中发光，说明
PuHox52 定位于细胞核内。

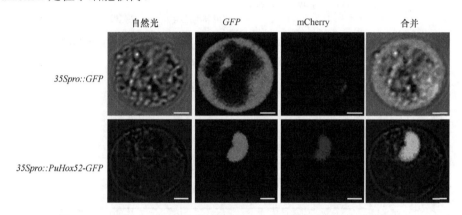

图 6-7　PuHox52 亚细胞定位（标尺=5μm）（彩图请扫封底二维码）

携带 *GFP* 与 *PuHox52-GFP* 的重组载体应用 PEG 法分别转化至杨树原生质体中，载体转化 12h 后进行图像拍照

3. *PuHox52* 基因结构及保守域分析

利用在线工具 gene Structure Display Server v2.0 对 *PuHox52* 基因结构进行绘
制。同时，应用在线网站 Simple Modular Architecture Research Tool 对 PuHox52 蛋
白保守域进行预测。结果如图 6-8A 所示，*PuHox52* 由两个外显子和一个内含子组
成。蛋白保守域预测发现（图 6-8B），PuHox52 具有典型的 HD-Zip 家族特征，包
含了可以结合 DNA 序列的 HD 同源异型结构域和介导二聚体形成的每隔 6 个氨
基酸出现一个亮氨酸的 Zip 拉链基序。

6.2.2.3　*PuHox52* 与其他物种中基因序列同源性分析

根据 PuHox52 氨基酸序列，比对找到其他物种中与其序列相近的同源基因来
构建系统进化树（图 6-9）。从聚类结果可以看到，*HD-Zip* 基因家族的序列保守性
较高，单子叶植物（如水稻、小麦）和双子叶植物（如拟南芥、苜蓿、玫瑰等）
被区分开来；*PuHox52* 与玫瑰 *RhHB1* 序列最为相似（66.53%），其次是苜蓿的
MtHB1（60.17%）和烟草的 *NaHD20*（57.09%）。

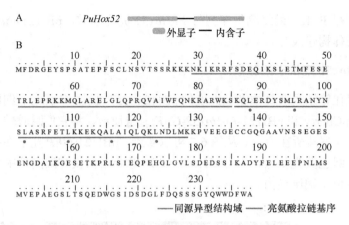

图 6-8　*PuHox52* 基因结构和其氨基酸序列分析（彩图请扫封底二维码）

A. *PuHox52* 基因结构分析；B. PuHox52 氨基酸序列分析

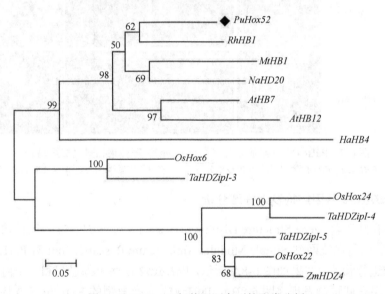

图 6-9　*PuHox52* 与其同源序列的聚类分析

包括 *AtHB7* 和 *AtHB12*（拟南芥），*RhHB1*（玫瑰），*MtHB1*（苜蓿），*NaHD20*（烟草），*HaHB4*（向日葵），*OsHox6*，*OsHox22* 和 *OsHox24*（水稻），*TaHDZipI-3*，*TaHDZipI-4* 和 *TaHDZipI-5*（小麦）

6.2.2.4　*PuHox52* 转录激活区的确定

1. *PuHox52* 及其各缺失片段连接酵母表达载体 pGBKT7 的获得

首先根据 pGBKT7 载体多克隆位点和 *PuHox52* 自身及其缺失片段序列的特点设计带酶切位点引物，以 *PuHox52* 连接 pBI121 载体质粒为模板进行扩增并进行胶回收，将 pGBKT7 载体和 *PuHox52* 全长及各缺失片段分别双酶切、连接后热激转化至大肠杆菌中。然后进行 Kan 抗性筛选并进行菌液 PCR 鉴定，结果如图 6-10 所示，目的条带与 *PuHox52* 全长及其各缺失片段大小基本一致。其中，*PuHox52* 全长为 717bp，N 端 Zip 长度为 384bp，N 端 HD 长度为 255bp，N 端长度为 84bp，C 端 HD 长度为 633bp，HD-Zip 长度为 300bp，C 端长度为 333bp。最后将阳性重组子菌液送到生物公司进行测序，使用 pGBKT7 载体通用引物，最终测得序列与 *PuHox52* 及其各缺失片段序列完全一致，*PuHox52* 全长及其各缺失片段连接酵母表达载体 pGBKT7 构建成功。

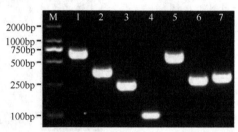

图 6-10　*PuHox52* 及其各缺失片段菌液 PCR 鉴定

M. DL 2000 DNA marker；1. *PuHox52* 全长（717bp）；2. N 端 Zip（384bp）；3. N 端 HD（255bp）；4. N 端（84bp）；5. C 端 HD（633bp）；6. HD-Zip（300bp）；7. C 端（333bp）

2. PuHox52 转录自激活区在 N 端

图 6-11A 展示了 PuHox52 氨基酸序列保守域的特点，可将其分为 N 端（1～28aa）、HD 同源异型结构域（29～85aa）、Zip 亮氨酸拉链基序（86～128aa）和 C 端（129～238aa）。为了确定哪段保守区具有转录自激活活性，将 *PuHox52* 全长及一系列 *PuHox52* 缺失片段序列分别构建到酵母表达载体 pGBKT7 上，再将各重组子转化至 Y2HGold 酵母感受态细胞中，空载体 pGBKT7 一同转化作为阴性对照。将各酵母菌液分别涂布于 SD/–Trp 酵母一缺培养基和 SD/–Trp/–His/–Ade 酵母三缺培养基上，观察酵母的生长状况。结果如图 6-11B 所示，所有转化子都可以在 SD/–Trp 酵母一缺培养基上生长，这是因为 pGBKT7 载体含有合成 Trp 的编码基因，表明所有转化子均已成功进入酵母中。另外，只有具有转录活性的重组子才能诱导靶基因合成 His 和 Ade，并在 SD/–Trp/–His/–Ade 酵母三缺培养基上生长。从图 6-11B 可以看到，只要包含 N 端的重组子（PuHox52 全长、N 端 Zip、N 端 HD、N 端）均可以在三缺培养基上生长，而没有 N 端的重组子，如 C 端 HD、HD-Zip 和 C 端在三缺培养基上都不能形成菌落。综上所述，PuHox52 转录激活区域位于 N 端。

6.2.2.5　*PuHox52* 启动子的获得及转基因检测

1. 植物表达载体 pCAMBIA1303-*PuHox52pro∷GUS* 的获得

根据毛果杨同源基因 *PtrHox52* 启动子设计大青杨 *PuHox52* 启动子的引物序

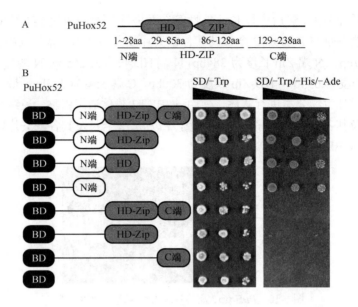

图 6-11　PuHox52 转录自激活实验（彩图请扫封底二维码）

A. PuHox52 保守域显示; B. 来自 PuHox52 的 4 个编码区序列(N 端、HD、ZIP、C 端)的不同组合分别构建到 pGBKT7 载体上, 进而验证具有转录、自激活活性的保守域, BD 表示的是酵母转录因子(GAL4)DNA 结合域, 右侧为 pGBKT7 空载体作为阴性对照, 酵母菌液逐步稀释 10 倍分别涂布于 SD/–Trp 酵母一缺和 SD/–Trp/–His/–Ade 酵母三缺培养基上形成菌落

列，提取大青杨 DNA 作为模板，通过 PCR 扩增获得特异条带，胶回收目的条带并连接到克隆载体上，经过热激法转化至大肠杆菌，通过菌液 PCR 鉴定出阳性重组子（图 6-12），将阳性重组子菌液送到生物公司测序。

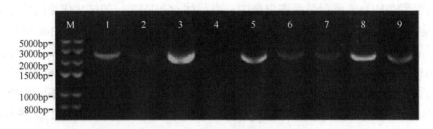

图 6-12　*PuHox52* 启动子菌液 PCR 鉴定（目的片段长度为 2391bp）

M. DL5000 DNA marker; 1～9. pCAMBIA1303-*PuHox52pro*∶∶*GUS* 菌液 PCR 产物

测序成功后，根据 pCAMBIA1303-*GUS* 载体的多克隆位点和 *PuHox52* 启动子自身序列的特点设计带酶切位点引物，将载体和启动子胶回收产物一同双酶切并将两者连接，然后转化到大肠杆菌中，鉴定出的阳性重组子进行测序，最终获得了 *PuHox52* 起始密码子（ATG）上游的 2030bp 启动子序列，见图 6-13，证明 pCAMBIA1303-*PuHox52pro*∶∶*GUS* 植物表达载体构建成功。

```
   1 GAAGAGACGT CCAAGGATTG TTTCAAGTAC AAAACAGGGG CAGAAACACT ACGTGTCAGT CAACAGGGA
  71 TGATTAAAAA AAAAGCAGAA TAGGACAAAT ATCTTTCTGT AATTAAAAAA TTGTCCCCAT CGACGTCTCC
 141 GAAGAGGCTA CGATACTAAA GCATCAATAA GCACGTGTCC TCTGAAGTGA AAACAACCTT TCTACGTTGA
 211 ACCATAACAT TTTGGACACG TACAACGTAC TGAACTGAAG CCCCAACCTG CTATAACTCC AAAACGAGAA
 281 TGACGACAAA AAAAATAGAT GCTCCGCTTT GACCCAGTGC AGCTGGCATA ATAATATTGG GTGACGTGTT
 351 ACAGATACTT TTGGTCCTAG GCAACTAATC TTATTTTATT GGATGAAGTT GGAGGATATT ATTCCTTTTG
 421 ATTTTTCTTA AAAAAGTTGT CTTTGACAGA TATATATATA TATATATATA CTCTGGGAAG AGAACCAAAG
 491 TGAGGCACGT TGAGTTTGAG AATGGGACTC ACTCGGCCAC CCAACTCTTC TAATATGGCT CAAGTCGACT
 561 TGTTTACTGA TCAAGACACT GTAAAATTAA TGTATACAAA TTACTCGGAG CTGTGAATTA CTCGATTGCT
 631 AGTTTAAACA TTCATGGGAA TCAATTGCTA ATTTGTGTAA TCCAAGATGC GATAAATTAA ATGTTTGCAA
 701 GAGCTTCTGT GTTCCTGAAA CATCACCCTC CCTCTCTAAC ACACAAGTCC AGATCGAGGA TTCCATTTAT
 771 TTTCTATTGG TGGTGAGATT GACGTGTCC ATACCTCCAC GCTTCACAAA TGACACTTGC AGTTAAAGAC
 841 TGGGAAGACA ACAACTGATC AACTATATAT GGAAGAATGC AAAAGACACG TGCCGCGGGC CTCTACAAAA
 911 TTGGCCCACG AATCTCGTTC ACCTGTAGCG TATCATCAAG ATGATGATCA AGGATCAATC TCTCCAGCAA
 981 ATCTGGAGAA CAAACCTATA TTCTCAATTC TGATGACATG ACGGAGGCTT TGTTTTGAAA TATGAAACTT
1051 GCTTGTAAAG ACCAGCAATA GCTAAGTGGC ACAAGCGTAC TCACGTTGCC GACACCGTCA AGTTAAAGAC
1121 AAAATATAAT GTCCTTGGAC GGTTCAATAT TTTATTTCTA TCCTTATATA AATCACTTAA AATGTGCCTC
1191 AATATGTATA CATCTACCTT TCAAGGACAA ATGCACGTTG TTCTCTGCAA TTAACTTCGA GGTTCAATCT
1261 AAATGCAAGA CATCTGCAACT GGGTCAATTT ATTCTCTGCA AATTAAGATC CTCGTCGATG TAAATTAAGAC
1331 AACCTGGATT AACATAAAGA TTATGCATGA TTCAGTTCAA TTAGATTCCA AAGGAACTTG CATGCCTTAA
1401 CTAGTGAGGT TTCAGTTGAA TTTCTCCAAA GGGAGAACCC ACACTGTTTA TGAGAAAAAA AAACTTCCAT
1471 TAATTAGTCA GAGTAATGGA AGCTTATAAA GACTTCATCA TGACATGCAT CTAAAAGGTG TAAACTTTTC
1541 TAATCAAAGT TTAGAAATTA AAATCAAAAT ATTTTACTAT GACTTATGGG GACAGGTTTG TGTTACTATA
1611 TAGAAGAAAC GATAAAGTCA TGGATGAAAA TAAACAAGCC GGCTTGAATA GGCCACCTAA GCTAGAGCCC
1681 TATCAATGAA ATAACTCCAA GAAAGAAATT GGTCATCAAA TAAATGTATA AAAAGTTAGA AAATATGTAT
1751 AGTGTTCCCA AGGAATTATA AGAAAAGCAC AGTACGTACG TTATCAGCCC CCACAAACTG CAGATATAAA
1821 GCAGCAATTA GGCCAATTCC GGAACCAAGA CTTGATCAAT CAAAATCCTA AAAATCCTA GCCAATAAGT
1891 AGATGCACAC ACTCAAGACA TTCACCTATT GCTCACAAAT ACTTTCACAT TCCAAAAACA TTCTCCTTTG
1961 CCAACATATT CTATAGTTGA ATTAATTAAA GATATAGATG TTCCCGAAGG CAGGTGAAGA TCCCAACAAG
2031 ATG
```

图 6-13　*PuHox52* 启动子序列

2. *PuHox52pro：：GUS* 转基因大青杨的筛选和检测

　　将构建好的 pCAMBIA1303-*PuHox52pro：：GUS* 表达质粒通过液氮法转入农杆菌中，随后通过叶盘法对大青杨进行遗传转化。共培养农杆菌与叶片 2d，将叶片洗菌后放置在含潮霉素（hygromycin，Hyg）抗性的分化培养基上进行丛生芽筛选培养（图 6-14A）。大约经过 1 个月，转基因大青杨丛生芽逐渐诱导形成（图 6-14B）。经过多次筛选后，将长高的丛生芽（2cm 左右）转至 Hyg 抗性的 1/2MS 固体培养基上进行生根培养，最终获得了 *PuHox52pro：：GUS* 转基因大青杨成株（图 6-14C）。

　　成株后的转基因幼苗需要进行 DNA 分子水平的检测，提取所有转基因植株生根幼苗的基因组，同时以 pCAMBIA1303-*PuHox52pro：：GUS* 质粒作为阳性对照，非转基因野生型大青杨基因组作为阴性对照，选用 *GUS* 特异引物进行 PCR 扩增检测。如图 6-14D 所示，20 株幼苗中共有 19 株具有目的条带，最终获得了 19 株阳性 *PuHox52pro：：GUS* 转基因大青杨株系。

6.2.2.6　*PuHox52* 启动子不同表达部位分析

　　将生长 3 周的 *PuHox52pro：：GUS* 组培苗完整植株及去掉根部微扦插于生根培养基 1h 的转基因植株放入 GUS 染液中进行染色（图 6-15）。从染色结果上看，伤口胁迫前，整个植株的染色部位主要在叶片，而茎部和根部基本没有被着色。伤口胁迫后，*PuHox52* 表达部位除了叶片外，还有植株的茎基部。说明 *PuHox52* 启动子具有启动 *GUS* 表达的活性，并且 *PuHox52* 可在短时间内强烈响应伤口胁迫。

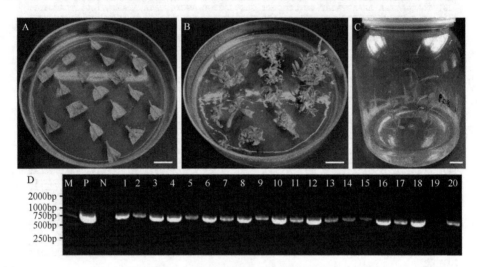

图 6-14　*PuHox52* 启动子在大青杨中的遗传转化与检测（标尺=1cm；目的片段长度为 769bp）
（彩图请扫封底二维码）
A. *PuHox52pro∷GUS* 转化叶片抗性筛选；B. 丛生芽抗性筛选；C. 抗性苗生根培养；D. 转基因植株 PCR 检测，
M 为 DL 2000 DNA marker，P 为阳性对照，pCAMBIA1303-*PuHox52pro∷GUS* 质粒，N 为阳性对照，野生型 WT
大青杨，1～20 为筛选的 20 株抗性苗

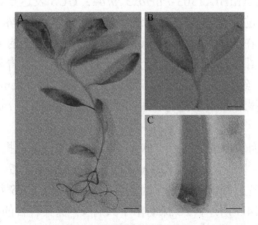

图 6-15　*PuHox52* 启动子转基因植株组织化学染色（彩图请扫封底二维码）
A. 未胁迫完整植株；B. 伤口胁迫后植株；C. 伤口胁迫后植株茎基部；A 和 B 标尺=1cm，C 标尺=0.5mm

6.2.2.7　*PuHox52* 启动子顺式作用元件分析

利用植物启动子顺式作用元件在线预测工具 PlantCARE 对 *PuHox52* 起始密码子 ATG 上游 2030bp 序列进行预测分析。表 6-4 列举了 *PuHox52* 启动子上主要与

生长发育和激素响应相关的顺式作用元件。从预测结果上可以看到，*PuHox52* 可被多种激素诱导，其中诱导元件数最多的激素是 MeJA，共有 8 个顺式作用元件。其他的激素还有 ABA、乙烯（ET）、GA 和水杨酸（SA）。另外，*PuHox52* 启动子上还存在与分生组织激活和表达相关的顺式作用元件。

表 6-4　*PuHox52* 起始密码子（ATG）上游 2030bp 顺式作用元件的分析

PuHox52pro		功能
元件名	个数	
ERE	1	乙烯响应元件
P 框	1	赤霉素响应元件
TCA 元件	1	参与水杨酸反应的顺式作用元件
ABRE	7	参与脱落酸反应的顺式作用元件
CAT 框	1	与分生组织表达有关的顺式作用调控元件
CCGTCC 框	1	与分生组织特异性激活有关的顺式作用调控元件
CGTCA 基序	4	响应 MeJA 的顺式作用调节因子
TGACG 基序	4	响应 MeJA 的顺式作用调节因子

6.2.2.8　*PuHox52* 在不定根形成早期及不同激素处理下的表达分析

为了观察 *PuHox52* 在生根早期的表达水平变化，将生长 3 周的大青杨组培苗微扦插至 1/2MS 固体培养基中，处理时间分别为 0h（对照）、0.5h、1h、2h、6h、12h、24h、48h 和 120h，取材位置为茎基部，随后进行定量分析。从图 6-16 可以看到，*PuHox52* 明显受伤口胁迫诱导，随着时间的推移，表达量逐渐上升。在伤口处理 6h 时，*PuHox52* 表达量与对照相比上调了 10 倍以上。随后 *PuHox52* 表达量有所下降并趋于稳定。在处理 120h 时，*PuHox52* 又经历了一个下降期，但其表达量仍高于对照。

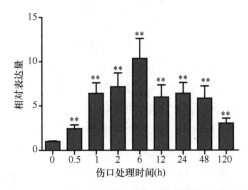

图 6-16　*PuHox52* 在不同生根时期茎基部的表达模式
PuActin 作为实时荧光定量 PCR 的内参；实验进行三次生物学重复

为研究 *PuHox52* 在不同激素处理下的表达模式，结合启动子顺式作用元件预测结果，除了选择 MeJA 及其抑制剂 SHAM，还选取了两个主要促进不定根形成的植物激素——生长素和乙烯。将生长 3 周的大青杨组培苗分别扦插至含有 50μmol/L NAA、20μmol/L 1-氨基环丙烷 1-羧酸（1-aminocylopropane-1-carboxylic acid，ACC）、1μmol/L MeJA 及 50μmol/L SHAM 的 1/2MS 固体培养基中，处理时间分别为 0.25h、0.5h、1h、2h、6h、12h、24h、48h 和 120h，未加任何激素的 1/2MS 固体培养基作为对照，取材部位是茎基部，随后进行定量分析。结果如图 6-17 所示，在萘乙酸（NAA）、ACC 和 MeJA 处理下，*PuHox52* 表达量在任何阶段与对照相比都没有显著变化；而在 SHAM 处理后，*PuHox52* 在各生根阶段表达水平均极显著下调，在 6h 时下调倍数最低（5.6 倍）。

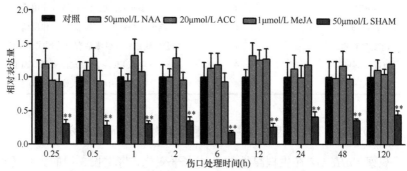

图 6-17　*PuHox52* 经 NAA、ACC、MeJA 和 SHAM 处理后在不同生根时期的表达模式分析
（彩图请扫封底二维码）
PuActin 作为 qRT-PCR 的内参；实验进行三次生物学重复

6.2.3　小结

本节实验克隆了大青杨 *PuHox52* 全长序列。基因结构和保守域分析发现，*PuHox52* 由两个外显子和一个内含子构成，其编码产物具有典型 HD-Zip 家族特征，包含了 HD 同源异型结构域和 Zip 亮氨酸拉链基序。原生质体瞬时转化的亚细胞定位结果显示，*PuHox52* 定位于细胞核。转录自激活实验结果表明，*PuHox52* 具有转录自激活活性，而且自激活区位于其蛋白结构的 N 端（1～28aa）。随后克隆得到了 *PuHox52* 起始密码子上游的启动子序列。对 *PuHox52pro∷GUS* 转基因大青杨进行 GUS 染色实验，结果发现，*PuHox52* 主要在形成不定根的茎基部伤口处高度表达。*PuHox52* 启动子区含有许多与植物生长发育和激素响应相关的元件，其中数量最多的是 MeJA 顺式作用元件（8 个）。qRT-PCR 结果显示，*PuHox52* 在经伤口胁迫的杨树不定根形成过程的前 120h 内都显著上调表达，其中 6h 时的表达量最高。经茉莉素生物合成抑制剂 SHAM 处理后，*PuHox52* 表达量在生根的各个阶段均极显著下降，表明 *PuHox52* 受内源茉莉素信号的调控。

6.3 PuHox52 调控大青杨不定根形成的研究

6.3.1 实验材料

6.3.1.1 植物材料

大青杨组培苗由本实验室保存。

6.3.1.2 菌株与载体

大肠杆菌克隆菌株感受态购自北京全式金生物技术股份有限公司；根癌农杆菌 EHA105 由本实验室保存。

pBI121-*GFP*、pCL-BEC 和 pH7GWIWG2（Ⅱ）由本实验室保存。

6.3.2 实验结果

6.3.2.1 *PuHox52* 过表达载体的获得

PuHox52 过表达载体选择 6.2.2.2 节亚细胞定位实验已经构建完成的 pBI121-*PuHox52*-GFP（*35Spro：：PuHox52*）。

6.3.2.2 *PuHox52* 抑制表达载体获得

1. pBI121-*PuHox52*-SRDX（*PuHox52*-SRDX）表达载体的获得

首先以 pBI121-*PuHox52*-GFP 质粒为模板，设计引物时在 *PuHox52* 后面加上具有转录抑制作用的保守的 27 个核苷酸序列，将 pBI121-*GFP* 空载体和胶回收产物一同双酶切并将两者连接，转化到大肠杆菌中。然后进行 Kan 抗性筛选并进行菌液 PCR 鉴定，结果如图 6-18 所示，目的条带与 *PuHox52* 全长加上抑制保守区的大小基本一致。最后将阳性重组子菌液送到生物公司进行测序，使用 pBI121-*GFP* 载体通用引物，最终测得序列与需要构建的基因序列完全一致，证明 pBI121-*PuHox52*-SRDX 植物表达载体构建成功。

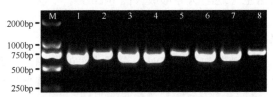

图 6-18　pBI121-*PuHox52*-SRDX 菌液 PCR 鉴定（目的片段长度为 753bp）

M. DL2000 DNA marker；1～8. pBI121-*PuHox52*-SRDX 菌液 PCR 产物

2. pBI121-*PuHox52*-RNAi（*PuHox52*-RNAi）载体的获得

首先构建到 pBI121-*PuHox52*-RNAi（*PuHox52*-RNAi）载体上的序列为 *PuHox52* 的一段长度为 210bp 的保守序列，以 pBI121-*PuHox52*-GFP 质粒为模板进行 PCR 扩增之后进行胶回收，将线性化 pCL-BEC 入门载体直接与胶回收产物进行连接，转化到大肠杆菌中。然后进行卡那（kanamycin，Kan）抗性筛选并进行菌液 PCR 鉴定，结果如图 6-19A 所示，目的条带位置在 210bp 左右。随后将阳性重组子菌液送到生物公司进行测序，使用 pCL-BEC 载体通用引物，测得序列完全正确，判断 pCL-BEC-*PuHox52* 载体构建成功。之后利用 LR clonase Ⅱ酶将入门载体上的 *PuHox52* 保守序列同源重组到抑制表达载体 pH7GWIWG2（Ⅱ）上，用重组质粒转化大肠杆菌，进行壮观霉素（spectinomycin，Spe）抗性筛选并进行菌液 PCR 鉴定，结果如图 6-19B 所示，目的条带位置同样位于 210bp 左右。将阳性重组子菌液送到生物公司进行测序，使用 pH7GWIWG2（Ⅱ）载体通用引物，测得序列完全正确，判断 *PuHox52*-RNAi 载体构建成功。

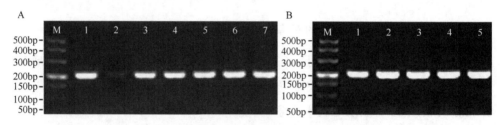

图 6-19　*PuHox52*-RNAi 载体构建（目的片段长度为 210bp）

A. pCL-BEC-*PuHox52* 菌液 PCR 鉴定；B. pH7GWIWG2（Ⅱ）-*PuHox52* 菌液 PCR 鉴定；M. DL500 DNA marker

6.3.2.3　*PuHox52* 转基因大青杨的筛选与检测

1. *35Spro∷PuHox52* 转基因大青杨的筛选与检测

将构建好的 pBI121-*PuHox52*-GFP 表达质粒利用液氮法转入农杆菌中，随后通过叶盘法对大青杨叶片进行遗传转化。共培养农杆菌与叶片 2d，将叶片脱菌后放置在 Kan 抗性的分化培养基上进行丛生芽筛选诱导（图 6-20A）。经过一个月左右，转基因大青杨丛生芽逐渐诱导形成（图 6-20B）。多次筛选后，将长高的丛生芽（约 2cm）转至 Kan 抗性的 1/2MS 固体培养基上进行生根培养（图 6-20C），最终获得了 22 株转基因大青杨成株。

成株后的转基因幼苗首先进行 DNA 分子水平的检测，提取所有生根幼苗的基因组，以 pBI121-*PuHox52*-GFP 质粒作为阳性对照，野生型大青杨基因组作为阴性对照，选用 *GFP* 特异引物进行 PCR 扩增检测。如图 6-20D 所示，22 株幼苗中全部检测出来了目的条带。随后进行 RNA 分子水平的检测，提取这 22 株幼苗

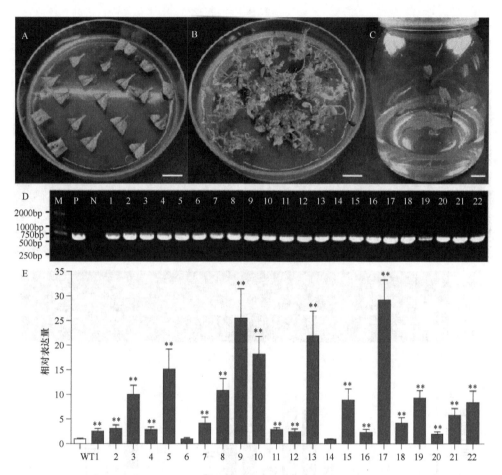

图 6-20　*35Spro∷PuHox52* 在大青杨中的遗传转化与检测（标尺=1cm）（彩图请扫封底二维码）
A. *35Spro∷PuHox52* 转化叶片抗性筛选；B. 丛生芽抗性筛选；C. 抗性苗生根培养；D. 转基因植株 DNA 检测，目的片段长度为 720bp，M 为 DL2000 DNA marker，P 为阳性对照，pBI121-*PuHox52-GFP* 质粒，N 为阴性对照，野生型大青杨，1～22 为筛选的 22 个抗性苗株系；E. WT 和 22 个转基因株系中的 *PuHox52* 表达量分析，*PuActin* 作为实时荧光定量 PCR 的内参，实验进行三次生物学重复

的 RNA 反转录成 cDNA，利用实时荧光定量 PCR 技术观察 *PuHox52* 表达量（图 6-20E）。结果显示，20 株幼苗中 *PuHox52* 的表达量与 WT 相比均有极显著升高，上调倍数在 2～30 倍，其中 *35Spro∷PuHox52*-9、*35Spro∷PuHox52*-13 和 *35Spro∷ PuHox52*-17 三个株系上调倍数都超过了 20 倍。

2. *PuHox52*-SRDX 转基因大青杨的筛选与检测

构建好的 pBI121-*PuHox52*-SRDX 重组质粒通过液氮法转入农杆菌，随后利用叶盘法对大青杨叶片进行遗传转化。经过了农杆菌与叶片的共培养，将叶片放置在 Kan 抗性的分化培养基上进行丛生芽筛选诱导（图 6-21A）。一个月左右，转基因大青杨丛生芽逐渐诱导形成（图 6-21B）。多次筛选后，将长高的丛生芽转至 Kan 抗性的 1/2MS 固体培养基上进行生根培养（图 6-21C），共得到了 22 株转基因大青杨株系。

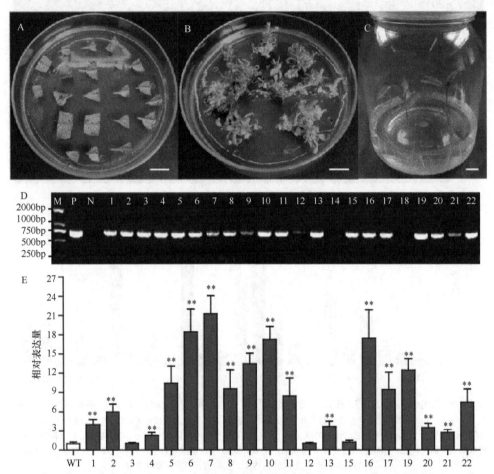

图 6-21　*PuHox52*-SRDX 在大青杨中的遗传转化与检测（标尺=1cm）（彩图请扫封底二维码）
A. *PuHox52*-SRDX 转化叶片抗性筛选；B. 丛生芽抗性筛选；C. 抗性苗生根培养；D. 转基因植株 DNA 检测，目的片段长度为 720bp，M 为 DL2000 DNA marker，P 为阳性对照，pBI121-*PuHox52*-SRDX 质粒，N 为阴性对照，野生型大青杨，1～22 为筛选的 22 个抗性苗株系；E. WT 和 20 个转基因株系中的 *PuHox52* 表达量分析，*PuActin* 作为实时荧光定量 PCR 的内参，实验进行三次生物学重复

成株后的转基因幼苗首先进行 DNA 分子水平检测，提取所有生根幼苗的基因组，以 pBI121-*PuHox52*-SRDX 质粒作为阳性对照，野生型大青杨基因组为阴性对照，选用 *GFP* 特异引物进行 PCR 扩增检测。如图 6-21D 所示，22 株幼苗中有 20 株检测出来了目的条带。随后进行 RNA 分子水平的检测，提取这 20 株幼苗的 RNA 反转录成 cDNA，利用实时荧光定量 PCR 技术观察 *PuHox52* 表达量（图

6-21E）。结果显示，20 株幼苗中有 17 株 *PuHox52* 的表达量极显著上调，上调倍数在 2～22 倍，其中 *PuHox52*-SRDX7 株系的上调倍数达到了 21.2 倍。

3. *PuHox52*-RNAi 转基因大青杨的筛选与检测

构建好的 *PuHox52*-RNAi 重组质粒利用液氮法转化到农杆菌中，采用叶盘法对大青杨进行遗传转化。共培养后将叶片放置在潮霉素（Hyg）抗性的分化培养基上进行丛生芽筛选诱导（图 6-22A）。一个月左右，转基因大青杨丛生芽逐渐诱导形成（图 6-22B）。多次筛选后，将长高的丛生芽转至 Hyg 抗性的 1/2MS 固体培养基上进行生根培养（图 6-22C），最终获得了 17 株抑制表达转基因大青杨株系。

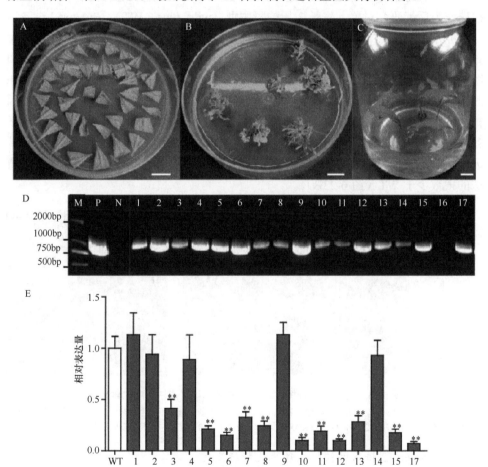

图 6-22　*PuHox52*-RNAi 在大青杨中的遗传转化与检测（标尺=1cm）（彩图请扫封底二维码）

A. *PuHox52*-RNAi 转化叶片抗性筛选；B. 丛生芽抗性筛选；C. 抗性苗生根培养；D. 转基因植株 DNA 检测，目的片段长度为 930bp，M 为 DL2000 DNA marker，P 为阳性对照，*PuHox52*-RNAi 质粒，N 为阴性对照，野生型大青杨，1～17 为筛选的 17 个抗性苗株系；E. WT 和 17 个转基因株系中的 *PuHox52* 表达量分析，*PuActin* 作为实时荧光定量 PCR 的内参，实验进行三次生物学重复成株后的转基因大青杨首先进行 DNA 分子水平的检测，提取幼苗的基因组，以 *PuHox52*-RNAi 质粒作为阳性对照，野生型大青杨基因组为阴性对照，选用 *Hyg* 特异引物进行 PCR 扩增检测。如图 6-22D 所示，17 株幼苗中有 16 株检测出来目的条带。随后将这 16 株幼苗进行 RNA 分子水平的检测，观察 *PuHox52* 表达量（图 6-22E）。从结果上看，有 11 个株系的 *PuHox52* 表达量与 WT 相比有极显著下降，下调倍数在 2～14 倍，其中 *PuHox52*-RNAi17 株系的下调倍数最大，为 13.6 倍。

6.3.2.4 *PuHox52* 转基因植株生根表型观察

选择表达量有显著差异且表型变化明显的 *PuHox52* 过表达和抑制表达转基因植株作为后续研究对象。生长 3 周的野生型（wild type，WT）、*PuHox52* 过表达（*35Spro：：PuHox52*）和抑制表达（*PuHox52*-SRDX、*PuHox52*-RNAi）转基因大青杨组培苗微扦插至 1/2MS 固体培养基，观察各植株在不同时间的生根情况。如图 6-23A 所示，在 72h 时，*35Spro：：PuHox52* 转基因植株根原基就开始膨大，96h 时，*35Spro：：PuHox52* 转基因植株就已经有不定根出现。相反，抑制表达转基因植株（*PuHox52*-SRDX、*PuHox52*-RNAi）不定根形成开始于 144h，明显晚于 *35Spro：：PuHox52* 转基因植株和 WT。植株成长 2 周后，*35Spro：：PuHox52* 转基因植株的不定根数明显多于 WT，而 *PuHox52*-SRDX 和 *PuHox52*-RNAi 转基因植株的根数少于 WT（图 6-23B）。

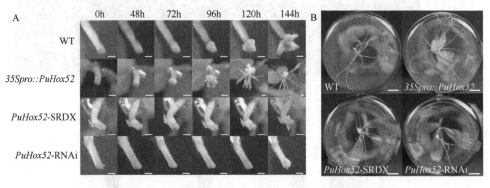

图 6-23 转基因大青杨生根表型观察（彩图请扫封底二维码）

A. WT、*35Spro：：PuHox52*、*PuHox52*-SRDX 和 *PuHox52*-RNAi 转基因植株不同生根时期的表型对比，标尺=1cm
B. WT、*35Spro：：PuHox52*、*PuHox52*-SRDX 和 *PuHox52*-RNAi 转基因植株生根 2 周后的表型对比，标尺=1cm

6.3.2.5 *PuHox52* 转基因植株生理生化指标测定

为进一步观察 *PuHox52* 对大青杨生根产生的影响，分别测定微扦插 2 周后 WT 与 *PuHox52* 转基因组培苗的生根率、不定根数量、总不定根长和干重（图 6-24）。*PuHox52* 过表达转基因植株（*35Spro：：PuHox52*）与 WT 相比，10d

内生根率高，平均不定根数量较 WT 也有明显增多，提高了 60.34%（图 6-24B）。相反，*PuHox52* 抑制表达转基因植株（*PuHox52*-SRDX 和 *PuHox52*-RNAi）与 WT 相比，生根时间推迟 1～2d，平均不定根数量也较 WT 下降了 34.37%～39.9%（图 6-24B）。在总不定根长和干重方面，与 WT 相比，*35Spro：：PuHox52* 转基因植株总不定根长和干重分别提高了 135.72% 和 62.87%（图 6-24C 和 D），而 *PuHox52*-SRDX 和 *PuHox52*-RNAi 转基因植株总不定根长分别下降了 50.96% 和 53.78%，干重分别下降了 43.99% 和 46.33%（图 6-24）。综合以上实验结果，*PuHox52* 对大青杨不定根产生具有一定的促进作用。

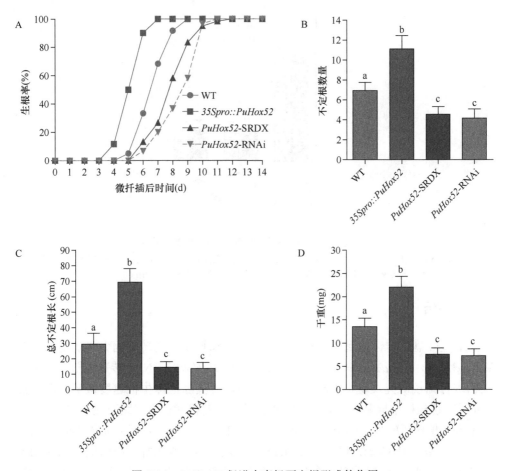

图 6-24　*PuHox52* 促进大青杨不定根形成的作用

A. WT、*35Spro：：PuHox52*、*PuHox52*-SRDX 和 *PuHox52*-RNAi 转基因植株生根率对比；B. WT、*35Spro：：PuHox52*、*PuHox52*-SRDX 和 *PuHox52*-RNAi 转基因植株不定根数量对比；C. WT、*35Spro：：PuHox52*、*PuHox52*-SRDX 和 *PuHox52*-RNAi 转基因植株总不定根长对比；D. WT、*35Spro：：PuHox52*、*PuHox52*-SRDX 和 *PuHox52*-RNAi 转基因植株不定根干重对比；B～D. 野生型幼苗微扦插在 1/2MS 固体培养基栽培 14d 后的表型分析；每种转基因植株使用 60 棵苗，误差条为标准差，统计分析采用单因素方差分析，不同字母代表差异显著（$P < 0.05$）

6.3.2.6 茉莉素生物合成抑制剂处理转基因植株根数统计

为研究内源 MeJA 对 *PuHox52* 转基因植株生根产生的影响，选择 *35Spro∷PuHox52*、*PuHox52*-SRDX 和 *PuHox52*-RNAi 转基因大青杨组培苗扦插至含有 50μmol/L SHAM 的 1/2MS 固体培养基中处理 2 周。结果如图 6-25 所示，无论是 *PuHox52* 过表达转基因植株还是抑制表达转基因植株，SHAM 均未对其不定根数产生任何影响，说明 *PuHox52* 应该位于 MeJA 信号途径的下游。*PuHox52* 过量表达或表达受抑制后，MeJA 对不定根形成的影响也随之消失。

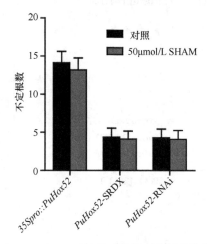

图 6-25 SHAM 对转基因植株不定根数的影响

35Spro∷PuHox52、*PuHox52*-SRDX 和 *PuHox52*-RNAi 转基因植株微扦插在未处理及含有 50μmol/L SHAM 的 1/2MS 固体培养基中处理 2 周后观察不定根数目，每种转基因植株使用 60 棵苗

6.3.3 小结

通过叶盘法转化得到了 *PuHox52* 过表达和抑制表达转基因大青杨植株。对 WT、*35Spro∷PuHox52*、*PuHox52*-SRDX 和 *PuHox52*-RNAi 转基因植株的生根性状进行比较研究发现，*35Spro∷PuHox52* 转基因植株生根速度最快，微扦插 72h 时，该植株根原基就开始膨大，96h 时，不定根就已经肉眼可见。与此相反，抑制表达植株（*PuHox52*-SRDX、*PuHox52*-RNAi）不定根形成开始于 144h，明显晚于 *35Spro∷PuHox52* 和 WT；*PuHox52* 过表达转基因植株生根时间与 WT 相比提前了 1～2d，不定根数量、总不定根长和干重较 WT 也有显著提高；而 *PuHox52* 抑制表达转基因植株与 WT 相比，生根时间会推迟 1～2d，不定根数量、总不定根长和干重较 WT 会有一定程度的下降。此外，将 *PuHox52* 转基因植株微扦插至含有 SHAM 的生根培养基中发现，SHAM 并未对 *PuHox52* 过表达或是抑制表达转基因植株的生根产生任何干扰。

6.4　PuHox52 调控不定根形成的下游基因鉴定分析

6.4.1　实验材料

野生型和 *PuHox52* 转基因大青杨组培苗由本实验室保存。

6.4.2　实验结果

6.4.2.1　转录组测序数据评估

PuHox52 诱导不定根形成过程中相关基因表达量的改变应用转录组测序技术进行分析。植物材料为野生型和 *35Spro∶∶PuHox52* 过表达转基因大青杨植株，微扦插到 1/2MS 固体培养基中，不同生根时间进行取材测序。通过对样品进行 RNA 提取、RNA 质量检测、文库构建和质控、上机测序、数据质控、序列比对和表达量估计，最终获得了可以用于后续分析的过滤数据（clean data）。各样品数据产出结果见表 6-5。20 个样品共获得了 150.19Gb 的过滤数据，各样品过滤数据均达到了 4.47Gb，测序量足够满足下一步分析需求。各样品过滤数据的 GC 含量较为一致，在 40%～50%。每个样品 Q30 碱基百分比均不小于 93.06%，说明测序所得数据较为可靠。

表 6-5　测序数据统计表

样品	过滤数据总碱基数	GC 含量（%）	Q30（%）
WT6h-1	4 472 655 670	43.80	93.06
WT6h-2	5 624 355 378	43.95	93.81
52OE6h-1	7 772 286 758	43.84	94.68
52OE6h-2	5 248 866 414	43.85	94.83
WT12h-1	9 983 230 376	44.17	94.67
WT12h-2	11 633 068 540	44.20	94.40
52OE12h-1	10 711 059 556	44.14	94.17
52OE12h-2	7 962 666 794	44.10	94.51
WT24h-1	5 221 463 580	44.23	94.31
WT24h-2	6 475 398 718	44.36	94.56
52OE24h-1	7 545 143 982	44.26	94.15
52OE24h-2	5 629 181 692	44.30	94.33
WT48h-1	5 772 275 948	44.08	94.21
WT48h-2	7 351 895 652	44.22	94.57
52OE48h-1	7 990 410 366	44.25	93.18

续表

样品	过滤数据总碱基数	GC 含量（%）	Q30（%）
52OE48h-2	7 069 095 028	44.22	93.16
WT96h-1	7 712 694 826	44.08	93.25
WT96h-2	6 690 021 920	44.01	93.42
52OE96h-1	8 240 142 410	44.09	93.54
52OE96h-2	11 079 545 786	44.13	93.62

6.4.2.2 差异基因鉴定

差异基因筛选标准参数设置为$|\log_2 FC| \geqslant 1$ 且 FDR $\leqslant$ 0.05。寻找同一生根时期野生型大青杨和 *PuHox52* 过表达植株中的差异基因（表 6-6），共找到了 5389个差异基因（DEG），其中 DEG 最多的时期发生在 96h，其次是 24h 和 12h。

表 6-6 差异基因数目对比（WT vs *35Spro：：PuHox52*）

差异基因	6h	12h	24h	48h	96h
上调	294	512	609	306	2146
下调	592	500	840	141	1095
总差异基因	886	1012	1449	447	3241

6.4.2.3 转录组 GO 分类结果分析

对 20 个转录组样本中的 5389 个 DEG 进行 GO 功能分类，在 6h、12h、24h、48h 和 96h 的 5 个生根时期分别鉴定出 155 个、126 个、183 个、18 个和 364 个生物过程（biological processes）富集 GO 条目。其中发现许多 GO 条目与植物器官形成和根发育相关（表 6-7），如毛状体分化（trichoblast differentiation；GO：0010054）、根毛细胞分化（root hair cell differentiation；GO：0048765）、根毛伸长（root hair elongation；GO：0048767）、根表皮细胞分化（root epidermal cell differentiation；GO：0010053）、器官发育（organ development；GO：0048513）、分生组织发育（meristem development；GO：0048507）等。

表 6-7 植物器官形成和根发育相关 GO 分组

GO ID	时间	GO 分组
GO：0010015	48h	根形态发生
GO：0048364	24h	根发育
GO：0048527	6h	侧根发育
GO：0010053	6h	根表皮细胞分化
GO：0007275	24h	多细胞生物发育

续表

GO ID	时间	GO 分组
GO：0010054	48h	毛状体分化
GO：0048589	24h	发育生长
GO：0048765	24h	根毛细胞分化
GO：0048767	24h	根毛伸长
GO：0016049	48h	细胞生长
GO：0040007	96h	生长
GO：0032502	24h	生长发育
GO：0043900	24h	多生物过程调控
GO：0000902	12h	细胞形态建成
GO：0009826	12h	细胞横向生长
GO：0010075	12h	分生组织生长调控
GO：0010087	12h	韧皮部或木质部起源
GO：0030154	12h	细胞分化
GO：0048513	12h	器官发育
GO：0008283	6h	细胞增殖
GO：0009913	6h	表皮细胞分化
GO：0009932	6h	细胞发育
GO：0010051	6h	木质部和韧皮部形态形成
GO：0010073	6h	分生组织维持
GO：0048507	6h	分生组织发育
GO：0051301	6h	细胞分裂
GO：0051322	6h	细胞分裂后期

6.4.2.4　PuHox52 靶基因预测结果分析

应用生物信息学方法，根据 5 个时间点的 5389 个 DEG，采用 Wei（2019）设计的基于概率法运算法则，可以推算出 PuHox52 直接作用调控的靶基因。使用该转录组数据共预测出 258 个 PuHox52 靶基因，其中大多数的编码产物为功能性蛋白，还有一部分是转录因子。从中发现了 15 个与植物激素响应和发育相关的较为重要的转录因子（表 6-8）。干涉频率（interference frequency）越高的基因说明 *PuHox52* 对其表达影响越大。在这些转录因子基因中，*AGL12*（Tapia-López et al.，2008）、*IAA14*、*IAA7*（Muto et al.，2007）和 *HAT2* （Sawa et al.，2002）已经被证实与生长素信号途径相关，而 *MYC2*（Chen et al.，2011）、*WRKY70*（Li et al.，2014）和 *WRKY51*（Gao et al.，2011）参与了茉莉素信号途径，其他的一些基因，如 *bHLH137* 是赤霉素和乙烯信号途径下游的转录因子基因（Zhou et al.，2016）。

表 6-8   预测的 15 个 PuHox52 直接结合的靶基因

Hox52 靶基因	基因	干涉频率
Potri.013G102600.1	*AGL12*	69
Potri.012G104900.1	*bHLH137*	60
Potri.001G061800.1	*ZFP14*	44
Potri.001G155100.1	*HAT2*	36
Potri.010G078300.1	*IAA7*	32
Potri.003G037300.1	*LBD22*	27
Potri.010G093400.1	*HB13*	24
Potri.008G071500.1	*LBD21*	22
Potri.002G176900.1	*MYC2*	19
Potri.006G277 000.1	*NAC038*	13
Potri.009G042600.1	*HD-like*	12
Potri.005G085200.1	*WRKY51*	8
Potri.006G109100.1	*WRKY70*	4
Potri.002G173900.1	*MYB3*	3
Potri.008G161200.1	*IAA14*	1

6.4.2.5   实时荧光定量 PCR 验证转录组测序结果

为验证转录组数据分析结果的准确性，选取了 15 个重要的与激素响应和发育相关的 PuHox52 靶基因进行实时荧光定量 PCR 验证，处理 1～5 分别代表 6h、12h、24h、48h 和 96h 5 个时期（表 6-9）。从图 6-26 中的定量结果可以看到，实时荧光定量 PCR 与转录组测序结果显示的基因表达趋势基本一致，说明数据分析较为可靠。同时，其也显示了 15 个靶基因在 PuHox52 调控下大部分在 96h 差异表达。

表 6-9   预测的 15 个靶基因在生根时期的 FC 值

基因	处理 1 FC	处理 2 FC	处理 3 FC	处理 4 FC	处理 5 FC
AGL12	nonDEG	nonDEG	nonDEG	nonDEG	1.243 665 519
bHLH137	nonDEG	nonDEG	nonDEG	nonDEG	1.573 778 135
ZFP14	nonDEG	1.415 000 711	nonDEG	nonDEG	2.495 470 278
HAT2	nonDEG	nonDEG	nonDEG	nonDEG	0.521 498 194
IAA7	nonDEG	2.123 766 024	0.921 177 833	nonDEG	1.136 290 728
LBD22	nonDEG	nonDEG	nonDEG	nonDEG	1.179 447 856
HB13	nonDEG	nonDEG	nonDEG	nonDEG	0.540 628 185
LBD21	nonDEG	nonDEG	nonDEG	nonDEG	1.496 943 578
MYC2	nonDEG	1.106 201 342	0.887 487 067	nonDEG	nonDEG
NAC038	nonDEG	−1.927 045 012	−2.875 858 236	nonDEG	nonDEG
HD-like	nonDEG	nonDEG	nonDEG	nonDEG	0.573 882 411
WRKY51	nonDEG	nonDEG	nonDEG	nonDEG	0.906 505 816
WRKY70	nonDEG	nonDEG	1.062 894 943	nonDEG	1.324 541 902
MYB3	−1.123 137 764	0.813 080 762	nonDEG	nonDEG	nonDEG
IAA14	nonDEG	nonDEG	nonDEG	nonDEG	1.578 927 249

注：nonDEG 代表没有差异

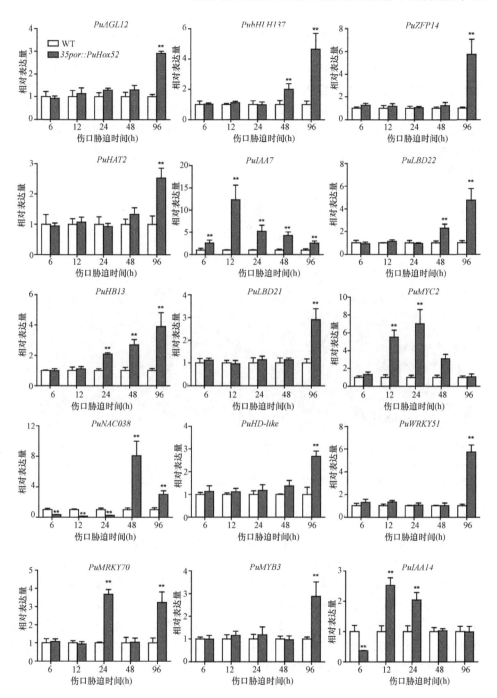

图 6-26 实时荧光定量 PCR 验证 RNA 测序数据

15 个 PuHox52 靶基因在 WT 和 *35Spro∶∶PuHox52* 转基因株系不同时间点的定量表达水平；*PuActin* 为内参基因；
实验进行三次生物学重复

6.4.2.6 PuHox52 调控不定根形成多层层级基因调控网络的建立

PuHox52 调控不定根形成的多层层级基因调控网络是根据转录组数据 5 个时间点（6h、12h、24h、48h 和 96h）的差异基因，通过自上而下 GGM 运算法则绘制完成的。*PuHox52* 作为顶层首要调控基因，其直接作用的 15 个靶基因作为第二层。第三层基因也是根据 GGM 运算法则推算的 15 个靶基因的靶基因。从图 6-27 可以看到，*PuHox52* 诱导不定根形成这一生物学过程是由复杂且庞大的基因网络调控的。

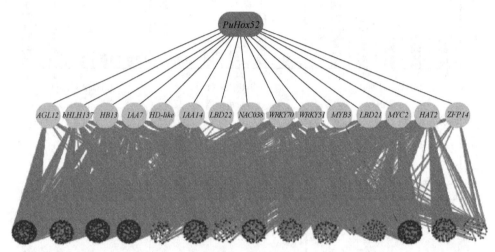

图 6-27　*PuHox52* 控制下的多层层级调控网络（mL-hGRN）（彩图请扫封底二维码）

PuHox52 位于多层层级基因调控网络的顶层（第一层）；第二层是基于 RNA-seq 数据通过自上而下 GGM 算法推算得到的 PuHox52 直接调控的 15 个靶基因；第三层基因同样是根据 GGM 算法得到的第二层基因直接作用的靶基因

6.4.2.7 PuHox52 靶基因下游基因 GO 分类分析

为进一步研究多层层级基因调控网络中相关基因所参与的生物学过程，对 15 个靶基因调控的第三层基因应用在线工具 AmiGO's Term Enrichment tool 进行 GO 分类注释（表 6-10）。结果显示，15 个靶基因调控的第三层基因中许多参与了伤口响应（GO：0009611）、不同激素响应（GO：0009753、GO：0009751、GO：0009725）、外界刺激响应（GO：0050896、GO：0006950）、细胞生长和发育（GO：0016049、GO：0000902）、根系发育（GO：0022622、GO：0048364）等，这些生物学进程与根的发生和发育密切相关。

6.4.3 小结

利用转录组测序技术对野生型 WT 和 *35Spro：：PuHox52* 过表达转基因大青

表 6-10 *PuHox52* 调控的多层层级基因调控网络第三层基因 GO 分析

基因（第二层）	GO 登录号	GO 分组
AGL12	GO：0050896	刺激响应
	GO：0009611	伤害响应
	GO：0042546	细胞壁生物发生
	GO：0033692	细胞多糖生物合成过程
	GO：0003002	区域化
	GO：0009753	茉莉酸响应
	GO：0009725	激素响应
	GO：0048513	器官发育
bHLH137	GO：0050896	刺激响应
	GO：0008361	细胞大小调节
	GO：0010033	有机物响应
	GO：0000902	形态建成
	GO：0090066	内部结构大小调节
	GO：0051234	细胞周期中的定位
	GO：0032989	细胞成分形态发生
	GO：0009653	内部结构大小调节
	GO：0048589	生长发育
	GO：0009791	胚后发育
	GO：0016049	细胞发育
	GO：0009725	激素响应
ZFP14	GO：0006950	压力响应
	GO：0050896	刺激响应
	GO：0009725	激素响应
	GO：0009791	胚后发育
	GO：0031326	细胞生物合成过程调节
	GO：0032502	发育过程
HAT2	GO：0050896	刺激响应
	GO：0006950	压力响应
	GO：0009725	激素响应
	GO：0009791	胚后发育
	GO：0010817	激素水平调节
	GO：0009611	伤害响应
IAA7	GO：0016049	细胞生长
	GO：0009739	赤霉素响应

续表

基因（第二层）	GO 登录号	GO 分组
IAA7	GO：0022622	根系统发育
	GO：0048364	根发育
	GO：0009611	伤害响应
	GO：0009733	生长素响应
	GO：0009888	组织发育
LBD22	—	—
HB13	GO：0050896	生长素响应
	GO：0006950	压力响应
	GO：0009725	激素响应
	GO：0009611	伤害响应
	GO：0003006	生殖发育过程
	GO：0044260	细胞大分子代谢过程
LBD21	GO：0050896	生长素响应
	GO：0043687	蛋白翻译后修饰
	GO：0006950	压力响应
MYC2	GO：0022622	根系发育
	GO：0048364	根发育
	GO：0007275	多细胞生物发育
	GO：0048856	内部结构大小调节
	GO：0009888	组织发育
	GO：0009791	胚后发育
	GO：0048513	器官发育
	GO：0048507	分生组织发育
	GO：0009755	激素介导的信号通路
	GO：0022402	细胞周期过程
	GO：0009751	水杨酸响应
	GO：0008361	细胞大小调节
	GO：0051707	其他生物响应
	GO：0009611	伤害响应
NAC038	GO：0009611	伤害响应
	GO：0009725	激素响应
	GO：0009733	生殖发育过程
	GO：0009737	脱落酸响应
HD-like	GO：0050896	生长素响应

续表

基因（第二层）	GO 登录号	GO 分组
HD-like	GO：0006950	压力响应
	GO：0009737	脱落酸响应
	GO：0009725	激素响应
	GO：0043412	大分子修饰
	GO：0048856	内部结构大小调节
WRKY51	GO：0048589	生长发育
	GO：0040007	发育
	GO：0008361	细胞大小调节
	GO：0009753	茉莉酸响应
	GO：0009653	内部结构形态发生
	GO：0000902	形态建成
	GO：0010817	激素水平调节
	GO：0060560	与形态发生有关的发育生长
	GO：0009611	伤害响应
	GO：0009737	脱落酸响应
	GO：0007049	细胞周期
WRKY70	GO：0050896	生长素响应
	GO：0006950	压力响应
	GO：0022402	细胞周期过程
	GO：0009791	胚后发育
MYB3	GO：0007275	多细胞生物发育
	GO：0032502	发育过程
IAA14	GO：0022622	根系发育
	GO：0048364	根发育
	GO：0048513	器官发育
	GO：0048869	细胞发育过程
	GO：000 0003	生殖
	GO：0009733	生殖发育过程

杨植株不同生根时期茎基部进行了测序分析，结果找到了大量的差异基因，其中生根 96h 时数量最多。对这些差异基因进行 GO 分类注释，其中许多 GO 条目都与植物器官形成和根发育有关。为了找到 PuHox52 直接调控的靶基因，应用生物信息学方法，采用 Fisher's 精确检验和 GGM 运算法则，共预测出 258 个 PuHox52 靶基因。从中筛选出 15 个重要的与植物激素和发育相关的靶基因，应用实时荧炮

定量 PCR 技术进行转录组数据验证。定量结果显示，这些基因表达趋势与转录组分析结果基本一致，并且这 15 个基因绝大多数在 96h 差异表达。同样根据 GGM 运算法则，推算出了 *PuHox52* 直接作用的 15 个靶基因的下游基因，进而构建出了一共三层由庞大基因群组成的 *PuHox52* 调控不定根形成的多层层级基因调控网络。对第三层基因（*PuHox52* 的 15 个靶基因调控的下游靶基因）进行 GO 分类注释，发现大量基因参与了伤口和激素响应、细胞生长发育和根系形成等过程。

6.5　PuHox52 结合下游靶基因验证

6.5.1　实验材料

6.5.1.1　植物材料

烟草（*Nicotiana tabacum* L.）土培苗、野生型和 *PuHox52* 转基因大青杨组培苗由本实验室保存。

6.5.1.2　菌株与载体

大肠杆菌克隆菌株感受态和原核表达感受态（BL21）购自北京全式金生物技术股份有限公司；根癌农杆菌 EHA105 由本实验室保存。

pBI121-*GFP* 由本实验室保存；pET-28a 由本实验室王玉成老师实验组馈赠；pGreen II 0800-*LUC* 由中国科学院上海生命科学研究院植物生理生态研究所王佳伟老师馈赠；pAbAi、pGADT7-Rec、p53-AbAi、pGADT7-Rec-p53 购自 Clontech 公司。

6.5.2　实验结果

6.5.2.1　PuHox52 靶基因启动子的获得

上节应用转录组测序和生物信息学方法推测了 *PuHox52* 在诱导不定根形成过程中的 15 个重要靶基因，为验证 PuHox52 是否可以结合这些下游靶基因启动子，首先对这 15 个基因启动子进行克隆。根据毛果杨同源基因启动子侧翼序列设计大青杨 15 个 PuHox52 预测靶基因启动子的引物序列，以提取的大青杨 DNA 为模板，通过 PCR 扩增获得特异条带，胶回收目的条带并连接到克隆载体上，经过热激法转化至大肠杆菌，通过菌液 PCR 鉴定出阳性重组子（图 6-28）。将这些阳性重组子菌液送到生物公司测序，最终测序成功获得了这 15 个靶基因的启动子序列。

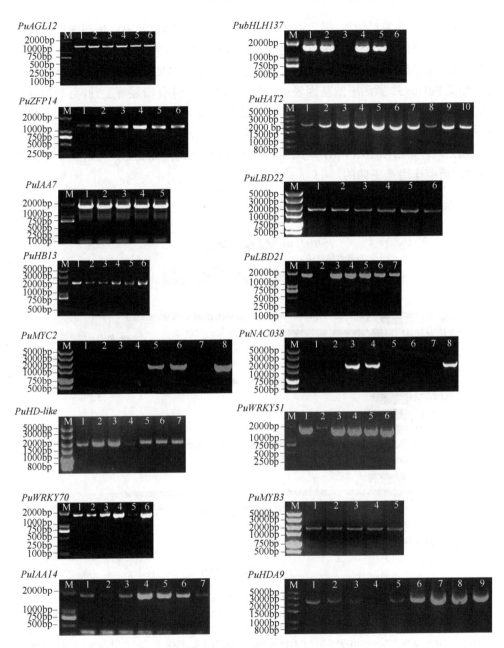

图 6-28 PuHox52 靶基因启动子菌液 PCR 鉴定

M 代表 DNA marker，数字代表靶基因启动子构建到 T 载体上转入大肠杆菌进行的 PCR 检测

6.5.2.2 双萤光素酶实验结果分析

双萤光素酶实验的效应载体为重组载体 pBI121-*PuHox52-GFP* 和空载体

pBI121-*GFP*（作为对照），报告载体则是将 15 个靶基因启动子构建到含有双萤光素酶报告基因的 pGreenⅡ 0800 上构建成的载体（图 6-29A）。当 PuHox52 可以与靶基因启动子结合时，与对照相比，重组子转化后的 LUC 活性就会有一个明显变化。如果 PuHox52 激活下游基因表达，重组子 LUC 活性会极显著上升，而 PuHox52 抑制下游基因表达时，重组子 LUC 活性则会明显下降。图 6-29B 显示，15 个基因中共有 9 个基因的重组子 LUC 活性发生了显著上调（除了 *PuZFP14*、*PuHB13*、*PuLBD22*、*PuNAC038*、*PuHD-like* 和 *PuMYB3*）。说明 PuHox52 对这 9 个靶基因表达的调控作用是正向的。

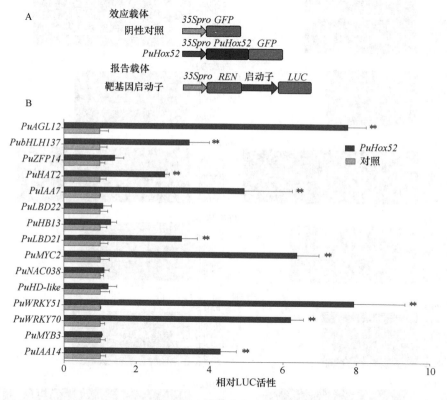

图 6-29　双萤光素酶实验

A. 瞬时转化烟草效应载体和报告载体构建示意图，REN 表示海参萤光素酶，LUC 表示萤火虫萤光素酶，15 个 PuHox52 靶基因启动子连接到报告载体上；B. PuHox52 激活 15 个靶基因报告载体的 LUC 活性检测，效应载体 *35Spro∷PuHox52* 和 *35Spro∷GFP*（对照）与报告载体一同瞬时转化烟草叶片，LUC 用 REN（内参）来校正，实验进行三次生物学重复

6.5.2.3　酵母单杂交实验结果分析

将 *PuHox52* 构建到捕获载体 pGADT7-Rec 上，15 个靶基因启动子构建到携带 *AUR1-C* 报告基因的诱饵载体 pAbAi 上。如果 PuHox52 能够与靶基因启

动子结合便可以激活 *AUR1-C* 表达，从而使转化酵母可以在含有 AbA 酵母生长抑制剂的培养基中生长。结果如图 6-30A 所示，当培养基加入 AbA 以后，有 9 个目标转化子能够正常形成菌落。而 *PuZFP14*、*PuHB13*、*PuLBD22*、*PuNAC038*、*PuHD-like* 和 *PuMYB3* 这 6 个转化子未能正常生长，说明它们的启动子没有与 *PuHox52* 结合。图 6-30B 作为阴性对照予以呈现，不含 *PuHox52* 的 pGADT7-Rec 空载体与这些靶基因启动子一同转化后，酵母均不能在含有 AbA 的培养基上生长。

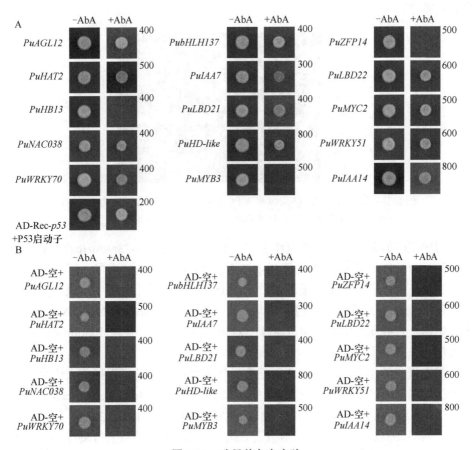

图 6-30　酵母单杂交实验

A. 酵母单杂交实验验证了 PuHox52 可以结合预测的 15 个靶基因中的 9 个，AD-*PuHox52* 作为猎物（prey）质粒载体可以通过结合靶基因进而启动 *AUR1-C* 表达，从而可以使转化子在含有酵母生长抑制剂 AbA 的培养基中生长，同时，AD-Rec-*p53* 和 P53 启动子 *AUR1-C* 是已知的可以相互结合并激活 *AUR1-C* 表达的载体，该组合作为阳性对照；B. AD-空载体（未连接 *PuHox52*）与各个靶基因启动子连接 *AUR1-C* 载体一同转化作为酵母单杂交实验的阴性对照；A 和 B. 各基因 AbA 筛选浓度位于图片右上角（ng/mL）；AD. pGADT7 载体

6.5.2.4 凝胶迁移实验结果分析

为进一步验证 PuHox52 具体结合的靶基因启动子元件位置，将 PuHox52 的 DNA 结合域 HD（171bp）构建到含有 His 标签的原核表达载体 pET-28a 上。以 *PuHox52* 克隆载体菌液为模板，进行 PCR 扩增获得目的条带。将条带回收并与 pET-28a 质粒一起双酶切，两者连接后通过热激法转化至大肠杆菌表达菌株 BL21 中，菌液进行 PCR 鉴定出阳性重组子（图 6-31）。将这些阳性重组子菌液送到生物公司测序。

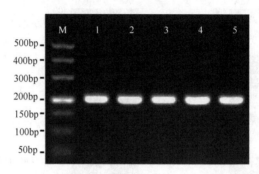

图 6-31　PuHox52 HD 结构域菌液 PCR 鉴定（目的片段长度为 171bp）

M. DL 500 DNA marker；1～5. *PuHox52* 的 HD 保守区菌液 PCR 产物

测序正确的菌液开始进行重组蛋白诱导，预测的 pET-28a-PuHox52 重组蛋白大小约为 11kDa。经过异丙基硫代-β-D-半乳糖苷（IPTG）诱导、超声波破碎及 SDS-PAGE 电泳后，发现该重组蛋白 PuHox52-His 位于上清液中，说明重组蛋白属于可溶性蛋白（图 6-32 泳道 4）。随后应用试剂盒 PureCube Ni-NTA Agarose 对重组蛋白进行纯化，使用不同浓度咪唑对蛋白进行洗脱，发现 500mmol/L 咪唑洗脱重组蛋白的效果最佳（图 6-32 泳道 12）。

重组蛋白纯化后，需要对其所结合元件进行探针标记。根据前人研究已经证明 HD I 亚族转录因子可以结合的元件有 CAATNATTG（Johannesson et al.，2001）、TAATTA（Ades and Sauer，1994）和 AATATTATT（Lü et al.，2014）等。在对上述 15 个靶基因启动子序列分析时发现，这些启动子都含有元件 TAATTA，故挑选了启动子序列上含有 TAATTA 元件的 *PuAGL12* 其中的一段序列作为研究对象进行探针标记。同时，设计没有生物素标记的冷探针和生物素标记突变探针来进一步验证重组蛋白与探针结合的唯一性，标记探针序列见图 6-33。EMSA 结果证实了 PuHox52-His 重组蛋白可以结合含有 TAATTA 元件的探针（图 6-33 泳道 2），而单独的 His 不能与生物素标记探针发生相互作用（图 6-33 泳道 1）。当逐渐加入没有生物素标记的冷探针进行竞争反应时，条带亮度逐渐减弱，甚至可以消失

（图 6-33 泳道 3 和 4），说明 PuHox52-His 重组蛋白不能与生物素标记的 TΛATTA
突变探针进行结合（图 6-33 泳道 5）。

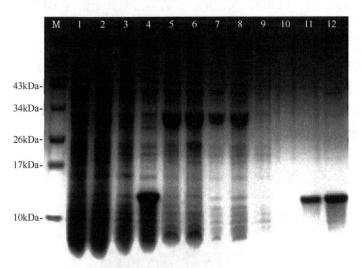

图 6-32　重组蛋白 PuHox52-His 可溶性分析及纯化

M. 蛋白 marker，1. IPTG 未诱导 pET-28a 菌液总蛋白上清液；2. IPTG 未诱导 pET-28a-*PuHox52* 菌液总蛋白上清液；
3. IPTG 诱导 pET-28a 菌液总蛋白上清液；4. IPTG 诱导 pET-28a-*PuHox52* 菌液总蛋白上清液；5. IPTG 未诱导 pET-28a
菌液总蛋白沉淀；6. IPTG 未诱导 pET-28a-*PuHox52* 菌液总蛋白沉淀；7. IPTG 诱导 pET-28 菌液总蛋白沉淀；8. IPTG
诱导 pET-28a-*PuHox52* 菌液总蛋白沉淀；9~12. 分别用 10mmol/L、20mmol/L、300mmol/L 和 500mmol/L 咪唑洗
脱蛋白

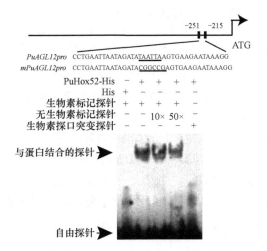

图 6-33　EMSA 验证 PuHox52 结合 *PuAGL12* 启动子的 TAATTA 元件

电泳图上第一列表示 His 蛋白与生物素标记探针反应作为阴性对照；第二列表示 PuHox52-His 融合蛋白与生物素
标记探针反应；第三和第四列分别代表 PuHox52-His 融合蛋白与生物素标记探针及 10×和 50×竞争探针反应（未
加生物素标记）；第五列表示 PuHox52-His 融合蛋白与生物素标记突变探针反应

6.5.2.5 染色质免疫沉淀实验结果分析

染色质免疫沉淀（ChIP）实验是在植物体内验证蛋白与 DNA 是否发生相互作用的重要技术手段之一。通过 ChIP-qPCR 不仅可以验证 PuHox52 与靶基因启动子能相互结合，还可以通过设计引物确定结合启动子的位置。首先，对 *35Spro：：GFP*（对照）和 *35Spro：：PuHox52-GFP* 转基因植株进行甲醛交联、细胞核提取、纯化及超声波破碎 DNA，破碎的 DNA 片段应主要集中在 300～800bp（图 6-34）。破碎片段过大会引起非特异性结合产生假阳性，而片段过小会影响蛋白与抗体有效结合得到假阴性结果。

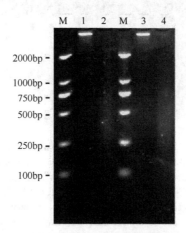

图 6-34　染色质超声波破碎电泳图谱分析

M. DL2000 DNA marker；1 和 3. *35Spro：：GFP*（对照）和 *35Spro：：PuHox52-GFP* 转基因植株破碎前 DNA；2 和 4. *35Spro：：GFP*（对照）和 *35Spro：：PuHox52-GFP* 转基因植株破碎后 DNA

超声波破碎后，加入 GFP 抗体进行免疫沉淀，随即对沉淀的染色质进行解交联和沉淀后 DNA 纯化，该 DNA 可直接用于定量 PCR。EMSA 已经验证了 PuHox52 可以结合元件 TAATTA。因此，针对 15 个靶基因启动子所有该元件位置设计 ChIP-qPCR 引物（图 6-35A），定量结果如图 6-35B 所示，除了 *PuZFP14*、*PuHB13*、*PuLBD22*、*PuNAC038*、*PuHD-like* 和 *PuMYB3* 这 6 个基因，其他 9 个基因至少有一个元件位点的表达量高于对照。说明 *PuHox52* 过量表达后，会提高这些基因的富集程度。这一实验结果与 LUC 实验和酵母单杂交实验得到的结果一致。

6.5.2.6 *PuAGL12* 转基因大青杨的获得及表达分析

根据毛果杨同源基因 *PtrAGL12* 的侧翼序列设计大青杨 *PuAGL12* 的引物序列，以反转录获得的大青杨 cDNA 为模板，通过 PCR 扩增获得特异条带，胶回收目的条带并连接到克隆载体上，经过热激法转化至大肠杆菌，通过菌液 PCR 鉴定出阳性重组子（图 6-36）。

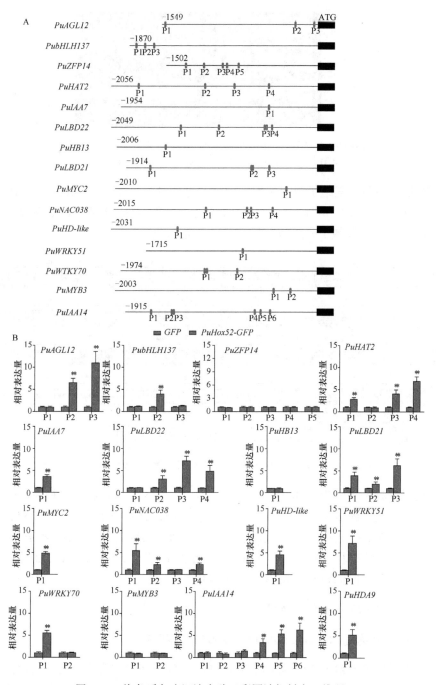

图 6-35　染色质免疫沉淀实验（彩图请扫封底二维码）

A. PuHox52 结合 15 个预测靶基因启动子元件位置示意图，橙色表示已知的 HD-Zip I 家族转录因子可以结合的元件位置；B. ChIP-qPCR 分析 PuHox52 是否与其 15 个预测靶基因启动子结合，使用 GFP 抗体，实验进行三次生物学重复

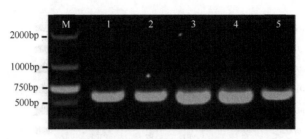

图 6-36　*PuAGL12* 菌液 PCR 鉴定（目的片段长度为 564bp）

M. DL2000 DNA marker；1～10. *PuAGL12* 菌液 PCR 产物

　　鉴定出的阳性重组子菌液送到生物公司进行测序，并与 *PtrAGL12* 编码序列进行比对。结果如图 6-37 所示，大青杨与毛果杨的 *AGL12* 基因相似性较高，但 *PuAGL12* 基因长度较 *PtrAGL12* 少了 42bp，为 567bp。

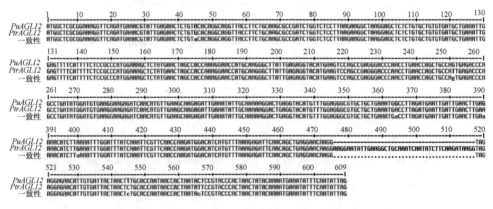

图 6-37　*PuAGL12* 和 *PtrAGL12* 序列比对（彩图请扫封底二维码）

　　利用实时荧光定量 PCR 技术观察 *PuAGL12* 在不同 *PuHox52* 转基因植株中的表达水平变化。图 6-38A 显示，与 WT 相比，*PuAGL12* 表达量在 *PuHox52* 过表达植株（35Spro∷PuHox52）中上升了 4.6 倍，而在 *PuHox52*-SRDX 和 *PuHox52*-RNAi 两个抑制表达植株中分别下降了 4.4 倍和 3.9 倍。此外，*PuAGL12* 转录水平可以随着生根时间的延长逐渐提高（图 6-38B）。

6.5.2.7　*PuAGL12* 过表达载体构建及转基因大青杨筛选与检测

1. 植物表达载体 pBI121-*PuAGL12*-GFP 的获得

　　首先根据 pBI121-GFP 载体的多克隆位点和 *PuAGL12* 自身序列的特点设计带酶切位点引物，以 *PuAGL12* 克隆 PCR 产物为模板进行扩增并进行胶回收，将载体和基因同时进行双酶切、连接后热激转化至大肠杆菌中。然后进行 Kan 抗性筛选并进行菌液 PCR 鉴定，如图 6-39 所示，目的条带与 *PuAGL12*（564bp）全长基本一致。

最后将阳性重组子菌液进行测序，使用 pBI121-*GFP* 载体通用引物，最终测得序列与 *PuAGL12* 完全一致，判断 pBI121-*PuAGL12-GFP* 植物表达载体构建成功。

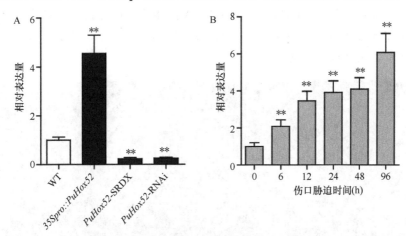

图 6-38　*PuAGL12* 在不同 *PuHox52* 转基因株系和不同生根阶段的表达分析

A. *PuAGL12* 在 WT、*35Spro：：PuHox52*、*PuHox52*-SRDX 和 *PuHox52*-RNAi 转基因株系中的定量表达分析；B. 实时荧光定量 PCR 分析不同生根时期 *PuAGL12* 的表达水平；*PuActin* 作为实时荧光定量 PCR 的内参；实验进行三次生物学重复

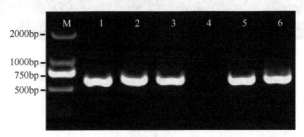

图 6-39　pBI121-*PuAGL12-GFP* 菌液 PCR 鉴定（目的片段长度为 564bp）

M. DL2000 DNA marker；1～6. pBI121-*PuAGL12-GFP* 菌液 PCR 产物

2. *35Spro：：PuAGL12* 转基因大青杨的筛选与检测

将构建成功的 pBI121-*PuAGL12-GFP* 表达质粒利用液氮法转入农杆菌中，随后利用叶盘法对大青杨叶片进行转化。经历 2d 菌与叶片的共培养后，将叶片洗菌后放置在 Kan 抗性的分化培养基上诱导丛生芽（图 6-40A）。一个月左右，丛生芽逐渐诱导形成（图 6-40B）。经过多次筛选后，将长高的丛生芽（约 2cm）转至 Kan 抗性的 1/2MS 固体培养基上进行生根培养（图 6-40C），最终得到了 15 个转基因大青杨株系。

转基因幼苗首先进行 DNA 分子水平的检测，提取所有成株苗的基因组，以 pBI121-*PuAGL12-GFP* 质粒作为阳性对照，野生型大青杨基因组作为阴性对照，采用 *GFP* 特异引物进行 PCR 扩增检测。由图 6-40D 可见，所有幼苗中均检测出了目的条带。随后进行 RNA 分子水平的检测，提取所有幼苗的 RNA 反转录成 cDNA，实时荧光定量 PCR 观察 *PuAGL12* 转录水平变化。如图 6-40E 所示，13 株转基因幼苗中的 *PuAGL12* 表达量与 WT 相比有明显提高，其中 *35Spro∷PuAGL12*-6、*35Spro∷PuAGL12*-7、*35Spro∷PuAGL12*-10 和 *35Spro∷PuAGL12*-14 四个株系上调倍数都超过了 10 倍。

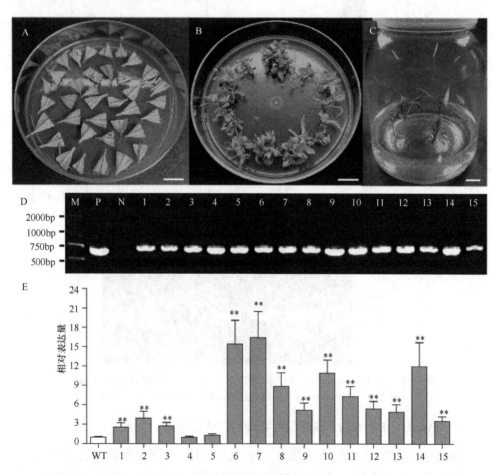

图 6-40　*35Spro∷PuAGL12* 在野生型大青杨中的遗传转化与检测（标尺=1cm）
（彩图请扫封底二维码）

A. *35Spro∷PuAGL12* 转化叶片抗性筛选；B. 丛生芽抗性筛选；C. 抗性苗生根培养；D. 转基因植株 DNA 检测，目的片段长度为 720bp，M 为 DL2000 DNA marker，P 为阳性对照，pBI121-*PuAGL12*-GFP 质粒，N 为阴性对照，野生型大青杨，1～15 为筛选的 15 个抗性苗株系；E. WT 和 15 个转基因株系中的 *PuAGL12* 表达量分析，*PuActin* 作为实时荧光定量 PCR 的内参，实验进行三次生物学重复

3. *35Spro∷PuAGL12* 转 *PuHox52*-RNAi 转基因大青杨的筛选与检测

将携带 pBI121-*PuAGL12*-GFP 质粒的农杆菌利用叶盘法遗传转化至 *PuHox52*-

RNAi 转基因大青杨中。经过 2d 农杆菌与叶片的共培养后，在 Kan 抗性的分化培养基进行丛生芽筛选诱导（图 6-41A）。一个月左右，大青杨丛生芽逐渐形成（图 6-41B）。3～4 次筛选后，将长高的丛生芽转至 Kan 抗性的 1/2MS 固体培养基上进行生根培养（图 6-41C），本实验共得到了 13 个转基因大青杨株系。

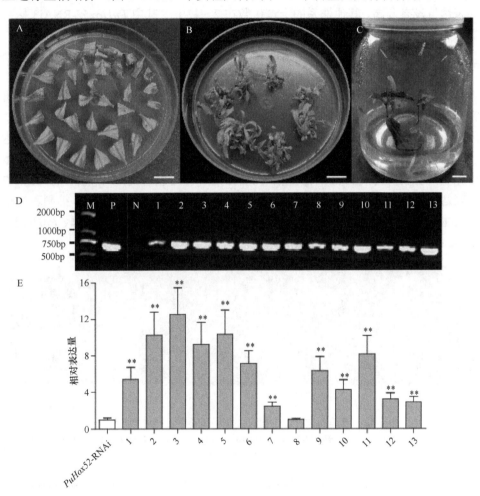

图 6-41　*35Spro：：PuAGL12* 在 *PuHox52*-RNAi 转基因大青杨中的遗传转化与检测（标尺=1cm）

（彩图请扫封底二维码）

A. *35Spro：：PuAGL12* 转化叶片抗性筛选；B. 丛生芽抗性筛选；C. 抗性苗生根培养；D. 转基因植株 DNA 检测，目的片段长度为 720bp，M 为 DL2000 DNA marker，P 为阳性对照，pBI121-*PuAGL12-GFP* 质粒，N 为阴性对照，*PuHox52*-RNAi 转基因大青杨，1～13 为筛选的 13 个抗性苗株系；E. 对照和 13 个转基因株系中的 *PuAGL12* 表达量分析，*PuActin* 作为实时荧光定量 PCR 的内参，实验进行三次生物学重复

成株后的幼苗首先进行 DNA 分子水平的检测，提取所有幼苗的基因组，以 pBI121-*PuAGL12-GFP* 质粒为阳性对照，野生型大青杨基因组为阴性对照，使用

GFP 特异引物进行扩增检测。结果如图 6-41D 所示,13 个株系均检测出了目的条带。随后进行 RNA 分子水平的检测,提取 13 个株系幼苗的 RNA 反转录成 cDNA,利用实时荧光定量 PCR 观察 *PuAGL12* 表达量变化,未转入 *PuAGL12* 的 *PuHox52*-木 RNAi 转基因大青杨作为对照(图 6-41E)。结果显示,只有一个株系 *PuAGL12* 的表达量没有升高,其他株系的上调倍数在 2~13 倍,其中 *PuHox52*-RNAi3 株系的上调倍数最高,为 12.5 倍(图 6-41E)。

6.5.2.8 转基因植株生根表型观察及根数分析

选择表达量有显著差异且表型变化明显的 *PuAGL12* 转基因株系作为后续研究对象。将生长 3 周的 WT、*PuAGL12* 过表达(*35Spro::PuAGL12*-7)、*PuHox52*-RNAi 抑制表达和 *35Spro::PuAGL12* 转 *PuHox52*-RNAi 抑制表达(*35Spro::PuAGL12-PuHox52*-RNAi3)转基因大青杨组培苗微扦插至 1/2MS 固体培养基,观察各植株在 10d 后的生根情况。由图 6-42 可以看到,*35Spro::PuAGL12*-7 过表达植株生根数量明显比野生型大青杨多。另外,*PuHox52*-RNAi 抑制表达植株的生根与 WT 相比会受到抑制,当转入 *PuAGL12* 后,其生根水平较 *PuHox52*-RNAi 抑制表达植株有了一定恢复。

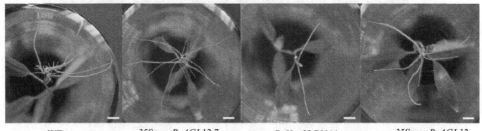

| WT | *35Spro::PuAGL12*-7 | *PuHox52*-RNAi | *35Spro::PuAGL12-PuHox52*-RNAi3 |

图 6-42 转基因大青杨生根表型观察(彩图请扫封底二维码)

野生型、*35Spro::PuAGL12*-7、*PuHox52*-RNAi 和 *35Spro::PuAGL12-PuHox52*-RNAi3 转基因植株生根 10d 后的表型对比,标尺=1cm

生物统计数据证实了表型观察得到的结果。从图 6-43 可以看到,*35Spro::PuAGL12* 过表达植株(*35Spro::PuAGL12*-6 和 *35Spro::PuAGL12*-7)生根数量较 WT 相比提高了 50%以上。此外,当将 *PuAGL12* 转入不定根形成受到明显抑制的 *PuHox52*-RNAi 植株中,不定根数又可比 WT 提高 60%以上,从而使 *PuHox52*-RNAi 抑制表达植株的生根水平恢复到 WT 所具有的水平。

6.5.3 小结

将预测的 15 个 PuHox52 靶基因启动子序列构建到 pGreen II 0800 报告载体

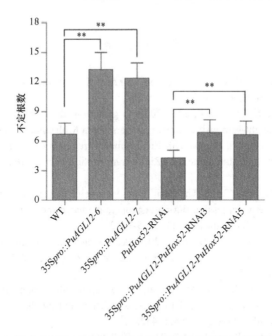

图 6-43　*PuAGL12* 促进大青杨不定根形成的作用

野生型、*35Spro：：PuAGL12-6*、*35Spro：：PuAGL12-7*、*PuHox52*-RNAi、*35Spro：：PuAGL12-PuHox52*-RNAi3 和
35Spro：：PuAGL12-PuHox52-RNAi5 转基因植株不定根数对比，每种转基因植株有 60 棵苗，误差条为标准差

上，pBI121-*PuHox52-GFP* 和空载体 pBI121-*GFP*（对照）作为效应载体，结果发现除了 *PuZFP14*、*PuHB13*、*PuLBD22*、*PuNAC038*、*PuHD-like* 和 *PuMYB3* 这 6 个基因，其他 9 个基因的重组子 LUC 活性与对照相比发生了极显著上调。随后将 15 个靶基因启动子构建到诱饵载体 pAbAi 上，*PuHox52* 构建到捕获载体 pGADT7-Rec 上，进行了酵母单杂交实验验证，结果表明 PuHox52 没有结合 *PuZFP14*、*PuHB13*、*PuLBD22*、*PuNAC038*、*PuHD-like* 和 *PuMYB3* 的启动子，其他 9 个基因的启动子与 PuHox52 发生了相互作用。在利用 EMSA 验证了 PuHox52 可以结合 TAATTA 元件的基础上，针对 15 个靶基因启动子上所有 TAATTA 位置设计引物，应用 ChIP-qPCR 技术进一步验证 *PuHox52* 与 15 个靶基因启动子是否结合及其结合位置，结果发现 *PuZFP14*、*PuHB13*、*PuLBD22*、*PuNAC038*、*PuHD-like* 和 *PuMYB3* 六个基因启动子的任何位置都未见明显的富集，而其他 9 个基因至少有一个位点的富集程度与对照相比显著升高。实时荧光定量 PCR 结果显示，*PuAGL12* 表达量在 *PuHox52* 过表达植株中极显著上调，在 *PuHox52* 抑制表达植株中明显下调，说明该基因位于 *PuHox52* 下游受其调控。将 *PuAGL12* 遗传转化到 WT 和 *PuHox52* 抑制表达植株中，看到转基因植株不定根数明显增加，说明 *PuAGL12* 对不定根形成具有促进作用。

参 考 文 献

Ades S E, Sauer R T. 1994. Differential DNA-binding specificity of the engrailed homeodomain: the role of residue 50. Biochemistry, 33: 9187-9194.

Agalou A, Purwantomo S, Övernäs E, et al. 2008. A genome-wide survey of HD-Zip genes in rice and analysis of drought-responsive family members. Plant Molecular Biology, 66: 87-103.

Ariel F, Diet A, Verdenaud M, et al. 2010. Environmental regulation of lateral root emergence in *Medicago truncatula* requires the HD-Zip I transcription factor HB1. The Plant Cell, 22: 2171-2183.

Chen Q, Sun J, Zhai Q, et al. 2011. The basic helix-loop-helix transcription factor MYC2 directly represses PLETHORA expression during jasmonate-mediated modulation of the root stem cell niche in *Arabidopsis*. The Plant Cell, 23: 3335-3352.

Gao Q M, Venugopal S, Navarre D, et al. 2011. Low oleic acid-derived repression of jasmonic acid-inducible defense responses requires the WRKY50 and WRKY51 proteins. Plant Physiology, 155: 464-476.

Harris J C, Sornaraj P, Taylor M, et al. 2016. Molecular interactions of the γ-clade homeodomain-leucine zipper class I transcription factors during the wheat response to water deficit. Plant Molecular Biology, 90: 435-452.

Hiratsu K, Ohta M, Matsui K, et al. 2002. The SUPERMAN protein is an active repressor whose carboxy-terminal repression domain is required for the development of normal flowers. FEBS Letters, 514: 351-354.

Hu R, Chi X, Chai G, et al. 2012. Genome-wide identification, evolutionary expansion, and expression profile of homeodomain-leucine zipper gene family in poplar (*Populus trichocarpa*). PloS One, 7: e31149.

Jaakola L, Pirttilä A M, Halonen M, et al. 2001. Isolation of high quality RNA from bilberry (*Vaccinium myrtillus* L.) fruit. Molecular Biotechnology, 19: 201-203.

Johannesson H, Wang Y, Engström P. 2001. DNA-binding and dimerization preferences of *Arabidopsis* homeodomain-leucine zipper transcription factors *in vitro*. Plant Molecular Biology, 45: 63-73.

Johannesson H, Wang Y, Hanson J, et al. 2003. The *Arabidopsis thaliana* homeobox gene ATHB5 is a potential regulator of abscisic acid responsiveness in developing seedlings. Plant Molecular Biology, 51: 719-729.

Lü P, Zhang C, Liu J, et al. 2014. Rh HB 1 mediates the antagonism of gibberellins to ABA and ethylene during rose (*Rosa hybrida*) petal senescence. The Plant Journal, 78: 578-590.

Malamy J E, Ryan K S. 2001. Environmental regulation of lateral root initiation in *Arabidopsis*. Plant Physiology, 127: 899-909.

Mortazavi A, Williams B A, McCue K, et al. 2008. Mapping and quantifying mammalian transcriptomes by RNA-Seq. Nature Methods, 5: 621-628.

Muto H, Watahiki M K, Nakamoto D, et al. 2007. Specificity and similarity of functions of the Aux/IAA genes in auxin signaling of *Arabidopsis* revealed by promoter-exchange experiments among MSG2/IAA19, AXR2/IAA7, and SLR/IAA14. Plant Physiology, 144: 187-196.

Olsson A, Engström P, Söderman E. 2004. The homeobox genes ATHB12 and ATHB7 encode potential regulators of growth in response to water deficit in *Arabidopsis*. Plant Molecular Biology, 55: 663-677.

Re D A, Dezar C A, Chan R L, et al. 2011. Nicotiana attenuata NaHD20 plays a role in leaf ABA accumulation during water stress, benzylacetone emission from flowers, and the timing of bolting and flower transitions. Journal of Experimental Botany, 62: 155-166.

Sawa S, Ohgishi M, Goda H, et al. 2002. The HAT2 gene, a member of the HD-Zip gene family, isolated as an auxin inducible gene by DNA microarray screening, affects auxin response in *Arabidopsis*. The Plant Journal, 32: 1011-1022.

Tapia-López R, García-Ponce B, Dubrovsky J G, et al. 2008. An AGAMOUS-related MADS-box gene, XAL1 (AGL12), regulates root meristem cell proliferation and flowering transition in *Arabidopsis*. Plant Physiology, 146: 1182-1192.

Wei H. 2019. Construction of a hierarchical gene regulatory network centered around a transcription factor. Briefings in Bioinformatics, 20: 1021-1031.

Zhou X, Zhang Z L, Park J, et al. 2016. The ERF11 transcription factor promotes internode elongation by activating gibberellin biosynthesis and signaling. Plant Physiology, 171: 2760-2770.